江津区
畜禽粪污资源化利用
典型案例

编｜重庆市江津区畜牧兽医发展中心
重庆市江津区现代农业产业技术体系畜禽首席专家团队

电子科技大学出版社
University of Electronic Science and Technology of China Press

·成都·

图书在版编目（CIP）数据

江津区畜禽粪污资源化利用典型案例 / 重庆市江津
区畜牧兽医发展中心，重庆市江津区现代农业产业技术体
系畜禽首席专家团队编. -- 成都 ：成都电子科大出版社，
2024. 12. -- ISBN 978-7-5647-9187-2

Ⅰ. X713.05

中国国家版本馆 CIP 数据核字第 202456LE17 号

江津区畜禽粪污资源化利用典型案例
JIANGJIN QU CHUQIN FENWU ZIYUANHUA LIYONG DIANXING ANLI

重庆市江津区畜牧兽医发展中心
重庆市江津区现代农业产业技术体系畜禽首席专家团队　编

策划编辑　彭　敏　兰　凯
责任编辑　彭　敏
责任校对　杨雅薇
责任印制　段晓静

出版发行　电子科技大学出版社
　　　　　成都市一环路东一段159号电子信息产业大厦九楼　邮编　610051
主　　页　www.uestcp.com.cn
服务电话　028-83203399
邮购电话　028-83201495

印　　刷　成都金龙印务有限责任公司
成品尺寸　185 mm×260 mm
印　　张　6
字　　数　105千字
版　　次　2024年12月第1版
印　　次　2024年12月第1次印刷
书　　号　ISBN 978-7-5647-9187-2
定　　价　68.00元

编者委员会

前言

党的十八大以来，以习近平同志为核心的党中央把生态文明建设作为关系中华民族永续发展的根本大计，而生态文明建设正处于压力叠加、负重前行的关键期。畜禽粪污资源化利用作为破解农业面源污染防治难题的主要途径，成为畜牧主管部门、基层政府和养殖业主推进畜牧业高质量发展中面临的首要问题。

2017年农业部（现农业农村部）提出"加快构建种养结合、农牧循环的可持续发展新格局，力争到2020年基本解决大规模畜禽养殖场粪污处理和资源化问题"，为全国畜禽粪污资源化利用指明了方向。近年来，中央一号文件也都对抓好畜禽粪污资源化利用作了强调。作为全国畜牧大县，2018年以来，江津区启动了畜禽粪污资源化利用项目，按照"种养平衡、就地消纳、能量循环、综合利用"的原则，探索形成一批畜禽粪污资源化利用典型案例，为进一步解决农业面源污染、妥善处理好畜牧业发展与环境保护的关系、深入推进生态文明建设等作出了重要贡献。

江津区是全国生猪调出大县，具有丘陵地貌明显、畜牧养殖区域优势突出等典型特征，对我国南方丘陵地区深入推进畜禽粪污资源化利用工作具有一定的参考价值。因此，重庆市江津区畜牧兽医发展中心同江津区现代农业产业技术体系畜禽首席专家团队共同编写了本书，旨在树立典型，示范推广先进经验和模式。

本书的编写得到了重庆市畜牧技术推广总站、重庆市生猪产业技术体系创新团队的指导，还有部分乡镇产业发展服务中心和养殖企业的大力支持，案例中所涉及的数据及内容由相关镇提供并审核，在此表示感谢！由于编者水平有限，书中难免有疏漏之处，敬请批评指正。

目 录
Contents

第一章　江津区畜禽粪污资源化利用概况

畜禽粪污资源化利用事关民生的实事，上连养殖业下接种植业，关系人居环境、耕地保护、清洁能源等多个领域，是一个系统工程。江津区畜禽粪污资源化利用坚持"发展与利用并重、生产与生态协同发展，坚持种养结合、政策支持、市场引导、就地就近消纳"的原则，创新利用模式，推动畜牧业生产方式绿色转型。

一、江津区种养业发展概况

（一）养殖业发展概况

1. "三区"划定情况

江津区规模化畜禽养殖场区域有禁养区、限养区和适养区三个区域，其中，禁养区斑块数量为68个，面积约为880.49平方千米；限养区斑块数量为163个，面积约为347.31平方千米；其余均为适养区，面积约为1991.24平方千米。通过科学划定畜禽养殖区域，可以从源头上控制畜禽养殖业污染风险，保障畜禽养殖业持续健康发展。

2. 规模化养殖现状

江津区是重庆市重要的畜禽产品主产区，存量的规模畜禽养殖场生产规模不断提升，单个养殖场的商品畜禽产品数量逐年增加。全区形成了以生猪为主导产业，蛋鸡养殖为支柱产业，肉牛、肉羊、家禽、中蜂为特色产业的发展格局。

3. 畜牧业生产情况

根据统计数据，2023年年末，江津区生猪存栏41.63万头、年出栏82.74万头，牛存栏0.81万头、年出栏0.61万头，羊存栏7.55万头、年出栏11.3万头，家禽存栏772.46万羽、年出栏1411.43万只，全区畜禽存栏折算猪当量为78.25万头。

（二）种植业生产概况

江津区重点打造以花椒为主、柑橘和红薯为辅的"一主两辅"优势特色产业，江津花椒生产基地获批创建全国绿色食品原料标准化生产基地，"江津柑橘"成为全国名特优新农产品，粮食产量进入全国县级百强，享有"中国花椒之乡""中国柑橘之乡"的美誉。全区粮食种植面积为145.27万亩[①]，蔬菜种植面积为60.42万亩，花椒种植面积为43.83万

---

① 1亩≈666.67平方米

亩，瓜果种植面积为 19.53 万亩，是原农业部批准的柑橘有机肥替代化肥示范区，能够为畜禽粪污资源化利用提供充足的消纳地。

（三）土地消纳能力分析

根据《重庆市江津区人民政府办公室关于印发重庆市江津区畜禽养殖污染防治"十四五"规划的通知》精神，以 2020 年年末生猪当量 86.8 万头为基数，测算出江津区畜禽粪污土地承载力（按氮计）为 205.07 万头，畜禽粪污土地承载力（按磷计）为 258.54 万头。2023 年年末，生猪当量为 78.25 万头，与 2020 年相比，减少生猪当量 8.55 万头。由此可知，江津区畜禽粪污土地承载力（按氮计）为 213.62 万头，畜禽粪污土地承载力（按磷计）为 267.09 万头。从土地承载力来看，有充足的发展空间。

二、畜禽粪污利用主流模式

（一）以地定养，主体内部小循环模式

重庆市麦腾农业开发有限公司为江津区第一、第二、第三产业融合发展的典范。该公司主要经营种养殖业、生态农业观光、农副产品生产、深加工和销售、特色养殖、旅游开发、餐饮、住宿、娱乐等配套设施项目。目前该公司已投资近 4 亿元建成了重庆市第一、第二、第三产业融合发展示范基地。在该示范基地种植了富硒猕猴桃、茶叶、蓝莓、各类珍稀花卉苗木等经济作物，面积达 4500 亩；建设生态鱼塘 100 亩；养殖梅花鹿规模达 300 头；建成标准化种猪场和标准化育肥场各 1 个，年生产商品仔猪可达 1 万头，年出栏育肥猪可达 1 万头。该公司采用两种模式处理畜禽粪污：一是在种猪场采用沼气工程处理模式，二是在育肥场采用异位发酵床处理模式。沼液和固态肥均用于种植基地，形成"畜-沼（固态肥）-果、茶"的种养循环经济模式。生猪养殖场每年提供沼肥约 1 万吨，发酵后的干粪达 0.3 万吨，按有机肥市价 800 元/吨计算，年产值达 340 万元，为生产高品质农产品提供了有效保障的同时，节约了种植成本 340 万元，构建了种养双赢局面。

该模式适用于种养立体循环，且场地符合国土空间规划和适养区的要求，采用厌氧发酵与异位发酵床的处理方式，实现粪污全量还田还土，大大提高了畜禽粪污资源化利用率，有效实现种养结合良性循环，农产品品质得以提升，进一步促进了江津区农业高质量发展。

（二）循环农业+达标排放，种养产业中循环模式

重庆市畅驰农业发展有限公司、重庆市吉慈农牧发展有限公司等为江津区典型代表的

大中型规模养殖企业，坚持适度规模、种养循环发展理念，为现代农业园区内种植企业提供肥料，减少了化肥使用量，改善了土壤，提升了农产品质量。

粪肥还田还土是一种传统的、经济有效的粪污消纳方式，现代农业园区按照"以地定养、种养结合"的技术路径，综合考虑了种植业粪肥需求量，合理布局畜禽养殖场。畜禽养殖粪污处理以"干清粪、水泡粪"两种方式为主，粪污进入格栅池和调节池，在调节池将粪污充分搅拌打碎后再进行干湿分离，分离后的干粪堆码发酵，可供就地或异地消纳利用；污水全部进入沼气罐进行厌氧处理，用肥旺季为周边企业和农户提供液态肥料，经沼液管网还田还土；在用肥淡季时，沼液富余部分按照工业污水处理工艺进行处理，或采用植物（水芹菜）生态净化，达标排放的水体消杀后养殖场再回用，用于场区绿化用水等。通过各种有效措施，加快种养业的无缝对接，把牧业、粮食、蔬菜、水果、花椒等产业有效连接起来，实现现代农业园区中循环。

现代农业园区构建起以花椒为主导产业，以柑橘、粮油、畜禽养殖为配套产业的"1+3"产业体系，形成了特色种业、标准化养殖、富硒种植等7万亩特色产业基地，培育富硒品牌35个。种植花椒4.95万亩、水果2.16万亩、粮油5万亩、中药材0.11万亩、苗木1.22万亩，家禽年出栏量达31.8万羽，生猪年出栏量10万头。

（三）粪肥商品化，社会层面大循环模式

1. 粪肥初加工，消纳方式灵活多样化

以重庆浩丰农业开发有限公司为代表的蛋鸡规模养殖场，存栏蛋鸡可达20万只，主要经营商品蛋鸡养殖，青年鸡培育销售，鸡蛋销售、粪肥初加工等。为有效处理、利用粪肥，该公司配套建设了粪肥处理区和发酵罐、除臭塔等设施设备，年生产粪肥1800吨，既可直接对接各地种植基地，也可将初加工的粪肥交有机肥企业深加工，制备成有机肥商品推向市场。粪肥售价300～400元/吨，年产附加值约200万元，具有较高的经济价值。

该模式适用于规模养殖场的粪肥处理，尤其是规模蛋鸡场和规模肉牛场，优势显著。一是经济价值高。二是选择余地大。畜禽粪肥得到了有效利用，既可就近消纳，也可异地消纳，距离选择范围大。三是促进绿色生态发展。该模式有效保护了生态环境，在江津区取得了良好的生态效益，有效促进畜禽粪污资源化利用区域大循环。

2. 粪肥深加工，构建跨区外循环模式

全区以重庆盛顺园农业科技发展有限公司、重庆景实微生物有机肥料有限责任公司等企业为代表，以畜禽粪肥为主要原料，以花椒枝秆和玉米（高粱）秸秆为辅料，添加适量菌种进行堆码发酵，配套建设翻抛设备和有机肥生产线，生产优质有机肥。不同畜禽粪肥的收购价格不同，牛粪收购价格为300元/吨，其他畜禽粪肥收购价为100～500元/

吨。提高畜禽粪肥附加值，将其制成有机肥商品后，可销往全国各地，不受时间和距离的约束。对粪肥的深加工也促进了有机肥的推广和使用，促进了化肥减量行动，降低了环境风险，保护了生态环境，提升了农产品品质。

三、畜禽粪污资源化利用取得的成效

（一）形成种养合作引导机制

1. 畜禽干粪处理利用

畜禽养殖场（户）配套建设与生产规模相适应的粪污处理、利用的设施设备。干粪的利用方式有四种：一是为了搞好邻里关系，将干粪免费提供给周边种植户消纳利用；二是养殖场自行就近就地消纳；三是有机肥厂收购，用作有机肥原料；四是经发酵后出售给周边种植户、本区或区外的种植大户消纳利用。

2. 畜禽液体粪污处理利用

畜禽养殖场（户）按照相关要求，配套建设与生产规模相适应的液体粪污贮存池。液体粪污的利用方式有四种。一是就近就地还田利用。养殖场自行足量配套土地消纳粪污，或养殖场配套部分种植基地和周边其他种植基地共同消纳，由养殖场安装管网，提供给周边种植基地使用（谁安装谁管护）。二是主管支管分段输送。养殖场安装还田主管网，种植业主安装支管网（分段维护管网）。三是液体粪污运输配送。针对异地消纳或者远距离管网无法输送的情况，养殖场自行购置液体粪污运输车。根据种植户需求情况运送液体粪污，种植户自行修建贮存池，适时使用。四是粪肥经纪人订单配送。粪肥经纪人自行联系运输车，负责对接种植户，承接粪肥需求订单和运输服务，实现跨镇、区消纳。

（二）形成养殖污水利用技术规范

1. 立足现状，提供解决方案

针对种养结合不够紧密、用肥淡季液体粪肥消纳压力大、存在污染隐患、液体粪污达标排放成本高的问题，江津区以绿色发展为导向，用先进工艺和技术解决粪污资源化利用的相关问题。

2. 创新探索，开展试验示范

江津区现代农业产业技术体系（畜禽）首席专家团队通过种植水芹菜开展了对液体粪污生态净化的探索。采用高能净化器+水芹菜+强效菌的叠加复合式工艺技术，对畜禽液体粪污进行消毒、杀菌、除臭、脱色、溶氧、吸附重金属、降解抗生素等有害物质处理与净化。净化后的水体可循环用于农田灌溉、抗旱降温、达标排放等。水芹菜亩产可达5000～

6000公斤，营养丰富，重金属及药残相关指标检测均为合格。且水芹菜可用于饲喂畜禽、鱼类，以蔬菜入市，批发价格为6～7元/公斤，增加了产业附加值，打破了粪污处理只投入没产出的尴尬困境。

3. 优势明显，适用范围广泛

高能净化器+水芹菜+强效菌的叠加复合式工艺技术与传统种养循环技术相比具有以下优势：一是投资少、见效快、土地配套少、空间利用充足；二是水芹菜生长迅速，需肥能力强，一年可多批收割，全年均能净化沼液，能解决农闲时节粪污消纳压力大的问题；三是水芹菜可作为蔬菜、饲料等，是具有多种用途的农产品，具有较好的经济效益；四是该技术适用于新、旧畜禽养殖场（户），配套或改造成本较低，使用效果相对明显。

4. 技术集成，形成技术规范

江津区在试验示范的基础上，将生态净化的全过程进行了总结，形成了《生态净化操作规程》，在畜禽粪污资源化利用方面集成了新的技术。江津区现代农业产业技术体系（畜禽）首席专家团队以《生态净化操作规程》为基础，牵头起草了《畜禽养殖污水生态净化利用技术规范》，得到了重庆市生猪产业技术体系创新团队的技术支持。目前，该技术规范已正式发布，为全市首创，填补了重庆市畜禽养殖污水生态净化和利用技术标准的空白。

（三）提升粪污处理能力和水平

江津区支持畜禽养殖场（户）对粪污处理设施设备进行改造升级。自2018年以来，全区共建设施容积10.7万立方米，设施面积1.92万平方米，铺设管网14.95万米，购置设备792台（套）。区畜牧部门对畜禽粪污资源化利用进行督促指导，确保配套设施完善、齐备且运行正常。

（四）推动绿色农业高质量发展

1. 加快农业持续协调发展

畜牧业的发展促进了农牧结合，推动了种植业发展，将种植业由传统的"粮食作物-经济作物"二元结构转变为"粮食作物-经济作物-饲料作物"的三元结构，同时充分利用农作物的副产品，将其作为畜禽饲料。种植业为畜禽生产提供饲料原料，同时畜牧生产又为种植业与林业提供有机肥料，三者相互作用、共同促进，形成了种养结合生态循环模式。

2. 推进品牌整合发展

构建以"一江津彩"农产品区域公用品牌为统揽，粮油、花椒、蔬菜、水果、茶叶、畜禽、水产、中药材等八大类产业品牌为支撑，各类新型经营主体品牌为辅助的"1+8+

N"农产品品牌体系，基本形成"公用品牌+公共（产业）品牌+企业品牌"的农产品品牌融合发展模式。累计评选认定地理标志、名特优新农产品、非物质文化遗产等农业品牌112个，有效期内认证绿色食品107个、有机农产品28个、GAP认证5家、富硒产品306个，全国农产品全程质量控制体系试点5家，"巴味渝珍""一江津彩""江津花椒""江津广柑"等品牌授权产品72个。目前，环湖农业申报的太阳橙、江津旺发茶叶有限公司生产的四面绿针两个产品成功获批特质农产品；江津花椒、江津茶叶全国绿色食品原料标准化生产基地创建有序推进。

2023年，江津花椒出口日本、韩国、泰国等10多个国家和地区，出口量超50余吨，出口额超33.7万美元；血橙和W·默科特出口印度尼西亚、泰国、菲律宾等东南亚国家，出口量达260吨，出口额为91.6万元。江津品牌正以积极的姿态昂首阔步走出国门。

第二章 江津区下辖镇畜禽粪污资源化利用典型案例

第一节 白 沙 镇

一、白沙镇概况

(一)镇域基本情况

白沙镇，隶属于重庆市江津区，地处江津区中部，东邻慈云镇、永兴镇，南接四川省合江县石龙镇、塘河镇，西连石蟆镇、朱杨镇，北通石门镇、油溪镇。辖区总面积为241.25平方千米。截至2023年年末，白沙镇户籍人口为12.9万人，是重庆市第一人口大镇及重庆市重点发展的中小城市。

(二)养殖业生产概况

白沙镇是江津区的农业大镇，畜牧业名列江津区前茅，江津区最大的种猪场、蛋鸡养殖场、肉鸭养殖场均坐落于白沙镇。白沙镇全面贯彻创新、协调、绿色、开放、共享的新发展理念，坚持"生态优先、绿色发展"的原则，以推动生猪优势产业转型升级和蛋鸡、肉羊、肉鸭三大特色产业发展为抓手，全镇畜牧业生产保持稳定发展态势。2023年末，生猪存栏3.55万头（其中能繁母猪存栏0.46万头）、出栏6.96万头，牛存栏0.03万头、出栏0.01万头，羊存栏0.72万头、出栏0.29万头，家禽存栏50.13万羽、出栏102.8万羽，主要畜禽肉类产量0.7万吨，禽蛋产量0.2万吨。全镇年出栏达3000头生猪当量以上的标准化规模养殖场4个；年出栏达1000头生猪当量以上的标准化规模养殖场6个。建成市级和区级种畜禽场各1个，种畜禽场每年向区内提供种猪1.5万头，建立良种猪精液供应网点2个，育肥猪年出栏能力均达到1万头以上。全镇有龙头企业5个，部级规模生猪标准化示范场1个。

（三）种植业生产概况

白沙镇主要农作物为蔬菜、水稻、花椒、柑橘（图1），粮食作物面积为14.24万亩、产量为6.63万吨，蔬菜播种面积为7.7万亩、产量为11.5万吨；花椒种植面积为1.51万亩、产量为0.17万吨；水果种植面积为2.3万亩、产量为2.1万吨，其中柑橘种植面积为1.74万亩、产量为1.45万吨。

图1　白沙镇主要农作物

二、畜禽粪污资源化利用工作措施

（一）部门协作

一是白沙镇农业、环保、财政、规划和自然资源、综合执法、公安等多部门协作，对辖区内20头以上生猪当量的养殖场（户）进行坐标定位、三区划分认定，以及禁养区养殖场（户）的拆除、复耕工作。二是农业、规划和自然资源、综合执法等部门协作处理农村违法修建圈舍行为，规范养殖合法用地、合规建设，并协助江津区规划和自然资源局白沙分局完成土地非农化整治。

（二）投诉案件

白沙镇产业发展服务中心与镇环保部门协作处理多起养殖粪污处理举报投诉案件，会同提出整改方案，共同督促养殖场完善粪污处理，全面完成养殖粪污整改。

（三）技术路径

一是采用种植与养殖紧密结合的生态农业循环模式，以适度规模、循环利用为核心，大力发展生态种养产业。二是推进标准化、设施化畜牧业建设进程，提高畜禽养殖场设施化程度，提升标准化水平。三是强化动物防疫、检疫和投入品的安全监管，维护安全的养殖环境。

（四）日常监管

一是严格规模畜禽养殖场的准入管理，按照"三区划分"要求指导畜禽养殖场（户）建设。二是加强畜禽粪污资源化利用，使畜禽养殖场粪污处理、储存、利用设施与养殖规模相匹配，落实专人负责畜禽粪污处理设施的运行及维护，发现问题及时处理，确保配套设施正常运行，严禁偷排、漏排。三是对全镇所有村及农业社区落实官方兽医划片包干，每月开展一次拉网式养殖污染巡查，发现问题及时督促整改，直至完成整改。四是对镇域内20头猪当量以上养殖场户进行全面清理摸排，建立畜禽养殖档案66个，档案中包括畜禽粪污的产生量和利用情况。

三、畜禽粪污资源化利用模式

（一）多元化处理利用模式

1.厌氧发酵处理

规模养殖场在建场时同步配套建设大中型沼气罐、沼液贮存池、干粪堆积房、干湿分离机、还田管网等设施设备，沼液用于灌溉周边花椒、柑橘种植基地，以实现种养结合、农牧循环的可持续发展新格局，实现生态良性循环、可持续利用的目标。

2.生态净化技术

养殖企业在江津区畜牧兽医发展中心、区现代农业产业技术体系畜禽首席专家团队的指导和帮助下，采用"高能净化器+水芹菜+强效菌"的复合技术生态净化液体粪污，创新了粪污处理技术。沼液通过高能净化器进行预处理（消毒、杀菌、除臭、脱色、溶氧，以及降解重金属和抗生素等有害物质）后，再利用水芹菜与微生物进行立体净化，净化后的水体可用于农田灌溉、抗旱降温、水产养殖等多种用途；水芹菜可用作蔬菜、家禽和鱼类饲料及绿肥等。

3.污水达标排放

在满足周边农田灌溉消纳以后，对富余沼液进行污水处理后可进行达标排放，处理后的水体也可灌溉农田、场区绿植等。

（二）养殖场资源化利用设施配套齐备

通过实施粪污资源化利用项目，白沙镇24家畜禽养殖场完成粪污处理、收储、利用设施设备的配套建设，规模养殖场粪污处理设施装备配套率达100%。全镇按照"源头减量、过程控制、末端利用"的要求，采用种养结合模式，畜禽粪污资源化利用率达90%以上，有力推动了全镇生态循环农业绿色发展。

（三）循环农业成果丰硕

1. 产业发展促品牌建设

持续推进"四个万亩"（即万亩粮油、万亩蔬菜、万亩柑橘、万亩花椒）产业发展和白沙品牌农产品建设，全镇"三品一标"认证农产品35个，特色农业品牌有"恒和晚熟柑橘""恒和春见""碛窝山食用菌""白沙富硒大米""焕平蔬菜""萌檬柠檬"等。

2. 招商引资促项目落地

投资约1.2亿，建设川渝合作芳阴村1026亩红油椿芽项目，每年2月陆续采摘，产品售往国内一线城市及韩国、日本、澳大利亚等国家。投资1700万元，推进江津区红薯产业基地项目。投资2000万元，建设宝珠村益海晨科蛋鸡养殖场。

四、效益分析

（一）社会效益

通过畜禽粪污资源化利用，为种植业提供安全高效的畜禽粪肥，有利于提升农产品的品质，促进农产品提质增效。辖区内各类畜禽养殖场的平稳运行，可为当地农民提供就业岗位100余个。

（二）经济效益

1. 增加农业农民收入

畜禽粪污经过处理后变成有机肥原料，可以出售给种植户或有机肥厂，使种植业获得低价高效的粪肥，节省成本，提高经济效益。以重庆市畅驰农业发展有限公司为例，一是减少了粪污处理成本；二是增加了经济效益，培育了1万余斤水芹菜，直接经济收入约6万元/年；三是节约了化肥成本。

2. 打造农产品优势品牌，提高农产品价值

有助于推动绿色食品、有机食品的认证。以芳阴村发展的香椿菜（椿天）为例，香椿菜种植面积1000余亩，通过使用有机肥及科学管理，亩产500斤/年，每斤市价最高可达200多元，年产值约1000万元。又如，芳阴村望月果园600亩的柑橘园（图2），使用畜禽粪肥后亩产可达3000斤，柑橘产量和品质均得到了提高，按照2.5元/斤的均价，年产值约为450万元。

图2　芳阴村的柑橘园

（三）生态效益

（1）改善生态环境。将经过处理的有机肥还田还土可降低面源污染，保护水源、土地及空气，形成良性循环的农业生产体系。

（2）保护土壤活力。用农家肥替代化肥，能有效防治土壤板结，降低土壤营养元素流失，有效提高有机质含量和生产力。

（3）沼气能够代替木柴，减少植被的砍伐，有效保护植被。对有机肥、生物肥等资源循环利用，可以助力节能减排。

第二节 石 蟆 镇

一、石蟆镇概况

（一）镇域基本情况

石蟆镇位于江津区西南部，东临白沙镇，北接朱杨镇，西南与永川区隔江相望，南与四川省合江县山水相连。距江津城区60余千米、距重庆市区105千米、距合江县城25千米、距泸州市区80余千米，管辖16个行政村、3个社区、116个村（居）民小组，户籍人口9.57万人。其中94%为农业人口，57%的劳动力从事农业生产。该镇所属的中坝岛为长江入渝第一岛，有黄金水道38.8千米。

（二）养殖业生产概况

全镇畜牧业呈现散养户占比较重、适度规模养殖引领的特点。截至2023年年底，存栏生猪3.05万头、肉牛0.04万头、山羊0.77万只、家禽82.02万羽，出栏生猪6.65万头、肉牛0.01万头、山羊0.49万只、家禽98.56万羽、禽蛋产量0.15万吨，其中规模养殖场（户）40家，包括生猪养殖场（户）23家、肉牛养殖场（户）3家、山羊养殖场（户）9家、家禽养殖场（户）2家、兔养殖场（户）3家。

（三）种植业生产概况

石蟆镇是农业大镇和传统水稻种植产区，素有"江津粮仓"美誉。全镇拥有耕地12.6万亩，形成了以水稻为主导产业、畜禽水产和特色经果为辅的产业结构。粮油作物播种面积为14.2万亩（包括复种）、产量为6.55万吨（其中水稻种植面积为6.95万亩、产量为3.5万吨，约占江津区水稻产量的10%），蔬菜种植面积为2.84万亩、产量为4.57万吨，水果种植面积为1.22万亩、产量为0.79万吨。

二、畜禽粪污资源化利用模式

（一）两种利用模式

石蟆镇畜禽粪污资源化利用模式主要分为两种。一种为适度规模养殖模式。将粪污进行干湿分离，干粪堆积发酵后打包销售或自用。主要根据人工和口袋成本制定干粪销售价格，出场价保持3～5元/袋。水粪经过沼气池、沼液池、化粪池等设施设备处理后就近就地消纳。另一部分为散养户模式。粪污资源经过沼气池、化粪池等传统设施设备贮存一段时间后，农民在农忙用肥旺季用于自家粮油地、水果地、花椒地等，能够达到自产自销、种养结合的效果，避免对周边环境造成不良影响。

（二）模式的应用实践

1. 重庆帆灏农业开发有限公司

重庆帆灏农业开发有限公司常年存栏生猪500头，配套化粪池600立方米、干粪堆积池10立方米。圈舍是半封闭式的，人工收集干粪后堆积发酵打包出售；尿液、冲圈水等液体肥料进入化粪池发酵处理后，通过管网供应130亩桑葚园、50亩柑橘园和700亩荔枝园，是干粪销售、水粪自用的规模种植养殖循环典型案例。

2. 重庆顺霖养殖有限公司

重庆顺霖养殖有限公司常年存栏肉牛200头，配套干湿分离机、700立方米化粪池、700立方米干粪堆积池等设施设备。粪污经过干湿分离机处理后，干粪发酵打包销售，水粪利用化粪池贮存后通过还田管网施撒周边的柑橘园、象草园等种植基地。

3. 江津区基良养殖有限公司

江津区基良养殖有限公司常年存栏生猪200头，配套190立方米化粪池、20立方米干粪堆积池。需肥季节来临时，粪污直接进入化粪池发酵处理，免费提供给周边甘蔗种植，是常见的家庭农场养殖和种植就近就地紧密结合案例。

三、畜禽粪污资源化利用工作措施

（一）严格执行日常监管

镇产业发展服务中心驻村、驻场兽医结合每月开展的动物疫病防控工作，同步开展畜禽粪污资源化利用工作巡查，重点了解畜禽粪污去向和周边农作物使用有机肥情况，现场检查沼气池、沼液池、化粪池、排污管网等设施设备运转情况，填写畜禽养殖粪污资源化利用登记表，汇总整理并更新最新情况，以便随时调阅资料。

（二）强化镇内部门协作

明确部门职能、职责，环保部门负主体监管责任，农业农村委员会负"一岗双责"责任，市政、综合执法等负执法主体责任，村委会负属地管理责任。部门协作主要体现在联合执法上，由规建环保办牵头，产业发展、综合执法等部门积极配合，定期对辖区内养殖场（户）开展巡查，开通电话、信箱、邮箱等举报渠道，收集畜禽粪污违法线索，发现线索立即组成联合队伍现场核实，并通知养殖业主在规定期限内完成整改，监管人员全程参与督促指导。将没有按期完成整改或屡教不改的违法行为上报区级农业、环保等部门，进行查处。在打击畜禽粪污违法行为上始终保持"人性、公平、公正、客观"的处理态度，有效确保了畜禽粪污违法行为就近就地快速解决，既起到良好的震慑作用，又督促养殖场（户）自觉履行环保主体责任。

（三）贯彻落实上级要求

一是完善粪污设施设备。严格落实文件要求，组织辖区内29家养殖场（户）申报畜禽粪污资源化利用项目，有效提升了设施配套率。二是落实禁养区内取缔关闭工作。严格执行《重庆市江津区人民政府办公室关于印发江津区2020年取缔关闭禁养区内畜禽养殖场和养殖专业户工作方案的通知》等文件要求，共计取缔和关闭禁养区内养殖场（户）15家，保证禁养区内无20头以上生猪当量养殖场（户）。三是严格执行建场"三同时"、巡查、督促整改等系列要求，将畜禽粪污影响控制到最低限度。

四、畜禽粪污资源化利用实施成效

（一）亮点方面

1. 基本达到种养循环效果

由于石蟆镇拥有得天独厚的农业种植资源，又始终坚持畜牧业适度规模养殖，畜禽粪污基本上实现了就近就地还田还土，使粪污变废为宝，畜禽粪污综合利用率达到90%以上，规模养殖场粪污处理设施装备配套率达到100%，基本达到种养循环的目的。

2. 全面助力化肥减量行动

在增加有机肥使用量的同时，有效减少了化肥使用量，减轻土壤贫瘠退化、农作物品质下降、农业面源污染等一系列问题，还大大节约了种植肥料成本，进一步促进农民增收，实现农业可持续发展。

3. 助推乡村振兴事业发展

畜禽粪污在得到合理利用后，能有效改善农村居住环境，推动人居环境整治工作，实现美丽乡村建设，为乡村振兴发展贡献绿色畜牧力量。

4. "一村一品"致富增收

优质橄榄、富硒再生稻米、古法手工红糖、绿色有机雷竹笋、野生葛根粉、中坝甘蔗、橄榄山猪肉、桂圆等农特产品成为"一村一品"代表。橄榄种植面积达7万亩以上、产量达30万公斤以上、综合产值达1.5亿元以上。以重庆市江津区蜀津橄榄种植股份合作社为例，入社农户226户，成员人均增收近3200元，成功举办多届富硒橄榄文化节，获"重庆市橄榄之乡""中国优质橄榄基地（乡）镇"称号。甘蔗种植面积达1万亩，年产甘蔗5万余吨，主要分布在登云村、关溪村、羊石社区，其中登云村有红糖厂4家，年产红糖800吨，销售额达1000万元，带动周边农户320户增收致富。雷竹种植面积达3200多亩，亩产值近8000元，以普旭竹园为代表的种植基地，带动500多名周边农民就近就业，人均年收入达1.8万元左右。

（二）效益方面

1. 经济效益

畜禽粪污就近就地还田还土利用后，散养户除对水稻、玉米、红薯等大宗农作物使用部分化肥外，其余均使用有机肥。种植场（基地）采用干粪施肥、水粪浇地，既解决了肥料问题，又缓解了干旱缺水的问题，实现每亩农作物减少化肥使用量30公斤，降低肥料成本100元。

2. 社会效益

在做好畜禽粪污资源化利用后，畜禽养殖能够正常开展，养殖场（户）和种植场（户）均能解决一部分返乡农民就业问题，还能帮助农村留守人员通过副业来增加经济收入。

3. 生态效益

经过政策宣传、完善设施设备、督促正常运转等措施，有效确保了畜禽粪污资源化利用的效果，未出现畜禽粪污影响周边环境的事故。即使有零星环保投诉，也能够在短期内完成整改，并将环境风险保持在可控范围内。

第三节　李　市　镇

一、李市镇概况

（一）镇域基本情况

李市镇（图3）位于江津区中部，东邻西湖镇，南连嘉平镇、蔡家镇，西接永兴镇、慈云镇，北靠先锋镇，距城区28千米，镇域面积183平方千米，总人口8.5万人，常住人口5万人，其中非农业人口2.8万人；管辖2个社区、9个行政村。以花椒为主导产业，因地制宜发展枇杷、葡萄、桃子、李子、柑橘、无花果等各种特色水果种植。

图3　李市镇俯瞰图

（二）养殖业生产概况

2023年年底，全镇20头生猪当量以上养殖场（户）共计92户，散养农户3546户。辖区内存栏生猪2.8万头（其中能繁母猪0.21万头）、出栏生猪5.83万头，存栏肉牛0.15万头、出栏0.08万头，存栏羊0.29万只、出栏0.19万只，存栏家禽64.37万羽、出栏91.9万只，肉产量0.63万吨，禽蛋产量0.31万吨。

（三）种植业生产概况

李市镇是农业大镇，辖区内主要粮食作物种植面积8.33万亩、产量3.89万吨，蔬菜种植面积4.17万亩、产量7.04万吨,水果种植面积1.86万亩、产量2.5万吨(其中柑橘种植面积1.43万亩、产量1.9万吨),药材种植面积0.01万亩、产量16.75吨,花椒种植面积2.28万亩、产量0.28万吨(干花椒)。

二、畜禽粪污资源化利用工作措施

(一)规划布局

一是根据畜牧业发展规划、功能区布局规划、"三区"划定方案和土地承载能力,科学合理确定畜禽养殖规模,坚持以地定畜;二是坚持农牧结合、种养循环,促使种养业在布局上相互协调,在规模上相互匹配,形成养殖业、种植业生态循环大格局。

(二)部门协作

全镇高度重视畜禽粪污资源化利用工作,镇产业发展、环保、综合执法等部门协同作战。一是定期对辖区内的养殖场开展巡查,严格落实养殖场(户)环境保护主体责任制度、畜禽规模养殖环评制度,完善畜禽养殖污染监管制度,建立畜禽养殖场粪污资源化利用台账48个。对发现的问题,提出整改措施,督促业主限期整改,驻场兽医对整改情况进行跟踪检查,确保整改效果。二是积极配合中央、市级环保督察,按时完成整改内容,举一反三,避免同类问题再次发生。

(三)实施项目

组织实施畜禽粪污治理项目和畜禽粪污资源化利用项目。2018—2019年,争取项目补助资金430余万元,修建有机肥加工处理车间6000平方米、沼气池707立方米、沼液池2715立方米、化粪池800立方米、污水处理池48立方米、畜禽粪便贮存设施612立方米,购置有机肥发酵罐设施及配套系统2套、装载机2台、有机肥自动生产包装线2条、生物除臭滤塔2座等。

(四)粪污资源化利用模式

坚持源头减量、过程控制、末端利用的机制,结合辖区内养殖场分布较为分散、中小规模养殖场较多、消纳地充足的特征,采取"适度规模养殖+种养结合"循环生态养殖模式。

1. 规模养殖场的粪污资源化利用

按照"缺啥补啥""填平补齐"的原则,采取"一场一策"的治理思路,科学合理确定养殖场畜禽粪污利用模式，着力解决畜禽粪肥还田"最后一公里"问题。

（1）干清粪模式：养殖企业人工清理干粪到堆肥房发酵后出售给种植企业使用，液体部分进入沼气池进行厌氧发酵、沼液池曝氧处理后，通过灌溉管网还田利用。

（2）水泡粪模式：生猪养殖场圈舍为漏缝板设计，粪污进入圈舍底部集粪池，适时将集粪池的粪污排放到处理前池进行固液分离。干粪作为有机肥原料出售，液体进入沼气池进行厌氧发酵、沼液暴氧处理后，通过灌溉管网还田利用。

原位发酵床处理模式：在圈舍地面堆放约60厘米厚的锯末、谷壳、秸秆等辅料，添加生物菌种，粪尿直接排放在发酵床上面，进行生物分解，适时作为有机肥原料出售。

2. 散养户的粪污资源化利用

一是养殖户人工将干粪清理到堆肥房，发酵后异地或就近还田利用；污水通过沼气池进行厌氧发酵后，沼液沼渣就地就近还田还土利用；二是畜禽粪污进入化粪池发酵后，就地就近还田利用。

三、畜禽粪污资源化利用实施成效

（一）工作亮点

1. 提升装备配套率和利用率

通过畜禽粪污治理项目和畜禽粪污资源化利用项目的实施，全镇规模养殖场畜禽粪污处理设施装备配套率达到100%，畜禽粪污资源化利用率达到90%以上。

2. 多元化消纳模式，变废为宝

规模养殖场自行加工有机肥原料出售，将就近消纳与异地消纳相结合，为种植基地提供有机肥；液体部分就近就地还田还土消纳利用，从而将畜禽粪污变成粪肥，减少化肥农药的施用量，有效控制农业面源污染，促进农田生态环境改善，保护优质的水资源和良好的生态环境。

3. 签订消纳协议，促进种养循环

指导养殖场（户）业主与种植企业签订粪肥消纳协议，大力推广"种养循环"模式，提高畜禽粪污的综合利用率，促进畜牧业高质量发展。

（二）效益分析

1. 经济效益

通过畜禽粪污资源化利用，将畜禽粪污转变为粪肥，减少化肥使用量，提高农产品品质，提升品牌价值，增强产业竞争力。

2. 社会效益

助推畜牧业高质量发展，李市镇是农业大镇，坚持畜牧业的可持续发展，构建了"养殖—种植—养殖"的循环农业体系，推广"畜-沼-菜（果）"等循环模式，助推农业增效、农村增绿、农民增收，助力乡村振兴。

3. 生态效益

畜禽粪污资源化利用促进了长江、綦河等流域水质的改善，可有效提升土壤有机质含量，增强土壤微生物活力，改善土壤结构，提升耕地质量，有利于农田永续利用。减少畜禽养殖粪污排放量，能有效控制农业面源污染，改善农田生态环境。

第四节　油　溪　镇

一、油溪镇概况

（一）镇域基本情况

油溪镇是全区农业大镇，地域周边与白沙镇、德感街道、吴滩镇、石门镇、龙华镇以及永川区临江镇相接；距区政府驻地18千米，总面积153平方千米，镇内水陆交通发达，交通区位优势明显；全镇辖5个社区，9个行政村，总人口7.8万人，其中农业人口为6.10万人。

（二）养殖业生产概况

2023年年底，存栏生猪1.76万头，能繁母猪0.21万头、出栏生猪3.89万头左右，存栏肉牛0.037万头、出栏0.03万头，存栏肉羊0.117万只、出栏0.087万只，存栏家禽35.82万羽、出栏71.96万羽，主要畜禽肉类产量0.43万吨，禽蛋产量2390吨。

全镇养殖场（户）6886户，其中100头生猪当量以上的养殖场（户）17个（200头以上生猪养殖场6个，50头以上肉牛养殖场1个，5000羽以上蛋鸡场4个、肉鸡场1个，脱温鸡场2个，3000只以上兔场3个）。

（三）种植业生产概况

油溪镇农业以种植水稻、玉米、花椒和蔬菜为主，全镇粮食生产面积8.7万亩、产量3.8万吨，花椒收获面积3.15万亩、产量0.35万吨，蔬菜收获面积3.8万亩、产量7万吨，水果种植面积1.3万亩、产量1.5万吨。

二、畜禽粪污资源化利用工作措施

（一）部门协同，联动推进

全镇高度重视畜禽粪污治理和资源化利用工作，强化环保、财政等部门间的协调联动，形成各司其职、各负其责、齐抓共管的工作格局。加强信息沟通，由牵头部门规建环保办及时通报工作情况，部门间工作沟通到位，实现信息互通互享，发现新情况、新问题，第一时间共同研究、达成共识、妥善处理，确保工作落实到位。

（二）增强责任意识，推动工作落实

1. 加强领导，健全工作机制

成立以农业分管领导为负责人，以产业发展服务、环保、财政等部门为成员的工作指导组，适时对畜禽粪污资源化利用工作进行专题研究部署，进一步明确畜禽粪污资源化利用工作目标任务、工作进度和工作举措，保障工作井井有条，扎实推进。

2. 增强意识，落实主体责任

加强政策宣传，采取进场入户宣讲、张贴标语、发放宣传资料等方式，广泛开展对《畜禽规模养殖污染防治条例》等法律法规的宣传，指导规模养殖场制定畜禽粪污资源化利用计划、建立利用台账，引导规模养殖场牢固树立主体责任意识，按照"谁养殖、谁治理"的原则，督促养殖场（户）配套完善粪污收集、处理、贮存和利用设施，改造场区雨污分流、干湿分离系统，建设堆粪棚、集污池、三级沉淀池等粪污处理设施。

（三）强化监管，提高畜禽粪污资源化利用率

严格落实官方兽医包片责任制，产业发展服务中心每月对辖区内20头生猪当量以上的养殖户开展污染排查至少2次，着重对各养殖场（户）的养殖规模、畜禽排污设施设备运行情况、污染治理情况，以及是否有污水偷排或直排行为、是否对周边环境造成污染、是否有养殖户周边群众反映情况等进行统计，建立台账24个，进一步规范畜禽养殖场粪污处理及利用。同时指导养殖场（户）充分利用本镇花椒、水果、蔬菜等种植基地的优势，结合实际开展化肥减量增效工作，通过宣传推广、技术指导、组织培训等方式，大力推广测土配方施肥、秸秆还田、水肥一体化等技术，指导养殖场（户）与种植户签订粪污消纳协议。目前，全镇畜禽粪污资源化利用率90%以上。

三、畜禽粪污资源化利用模式

全镇种植业以水稻、玉米和蔬菜为主，周边还有大型的蔬菜种植基地和水果种植农场，畜禽粪肥需求量大，为推广"种养结合、循环发展"模式提供了有利条件。镇内规模养殖场与周边农户签订粪污消纳协议，用于灌溉花椒、果树、蔬菜、桉树等作物。畜禽养

殖场采用干清粪、水泡粪、发酵床等工艺，以粪污全量还田、粪便堆肥利用、粪水肥料化利用模式处理粪污，种养户因地制宜、因场施策，不断探索不同模式的粪肥处理和利用，形成了种养循环发展的良好格局。

（一）种养循环促进合作共赢

1. 重庆市鼎乡达畜牧有限公司

重庆市鼎乡达畜牧有限公司位于油溪镇石羊村6社，占地4200平方米，2017年5月建成投产，总投资300万元，生产管理人员2人；建筑面积2581平方米，其中管理用房及配套设施150平方米，生产圈舍2051平方米，其他设施380平方米；设计存栏生猪800头；年出栏生猪可达1500头。该公司全景图和公司大门如图4所示。

图4　重庆市鼎乡达畜牧有限公司全景图和公司大门

该公司是典型适度规模家庭农场生产模式的代表，其养殖场实行雨污分流、干湿分离，修建粪污处理设施容积1350立方米，铺设还田管网10千米，输送液体粪肥到公司流转的120余亩花椒种植基地，同时还辐射周边柑橘园300余亩。该公司圈舍如图5所示，粪污输送管网如图6所示。

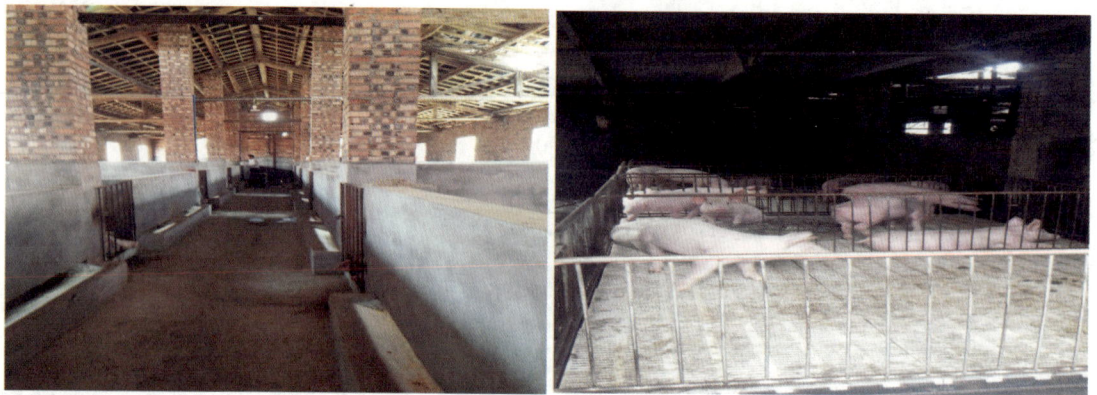

图5　重庆市鼎乡达畜牧有限公司圈舍

图6　重庆市鼎乡达畜牧有限公司粪污输送管网

2. 江津区印忠家畜养殖场

江津区印忠家畜养殖场位于油溪镇桥头村2社，占地4825平方米，2021年4月建成投产，建设总投资280万元，生产管理人员4人；生产圈舍2栋，建筑面积4150平方米；管理用房及辅助用房1050平方米；常年存栏生猪2500头，年出栏生猪5000头。该公司养殖场全景图及养殖场大门如图7所示。

图7　江津区印忠家畜养殖场全景图和养殖场大门

该养殖场为江津区生猪代养场，采用全进全出饲养模式，场内安装全自动料线、自动饮水系统等现代化饲养设备，养殖圈舍地面为漏缝地板，粪污全量进入集污池。养殖场建有堆粪房200立方米、沼液池1900立方米，粪污处理设施容积2100余立方米，铺设粪肥输送管网2千米，粪肥经济人不定期订单配送至周边农户和邻近区域。自有消纳粪污土地150亩；与农户签订粪污消纳协议的土地约1900余亩，主要用于桉树、稻谷、水果、花椒等灌溉，以减少化肥的使用，全年节约种植生产成本20万元左右。养殖场圈舍如图8所示，沼气池、沼液池如图9所示。

图8 江津区印忠家畜养殖场圈舍

图9 江津区印忠家畜养殖场沼气池、沼液池

2021年建场时，该养殖场积极争取农业（种植结构调整）和林业（低效林改造）项目，充分利用农林政策在养殖场周围种植聚桉树种5万余株，并实施改造低值灌木林地100余亩。该养殖场形成了独具特色的种养循环模式：一是定期抽排粪污沼液灌溉林间，既消纳了粪污，又满足了聚桉生长的养分需求；二是聚桉树的特殊气味有驱蚊蝇的作用，连片成林后起到了天然屏障的防疫作用，并对养殖臭味有阻隔和自然吸附的效果，大大降低了疫病防控和养殖污染的风险，达到生态种养循环的效果。

3. 重庆市江津区甘大姐鸡养殖场

重庆市江津区甘大姐鸡养殖场位于油溪镇石村5社，2017年4月建成投产，总投资600余万元，生产管理人员5人，养殖场占地3244平方米，生产圈舍2栋，建筑面积3030平方米，其中管理用房及辅助用房213平方米；常年存栏蛋鸡5万羽，存栏蛋鸡5.6万羽，年产蛋量约877.5吨，纯收入约60万元。该养殖场全景图如图10所示。

图10　重庆市江津区甘大姐鸡养殖场全景图

饲养方式：批次化全进全出，自动化料线、饮水。

粪污利用方式：采用生产有机肥种养结合与外销两种方式。有机肥生产车间780立方米，年生产有机肥约1000吨，建立消纳利用和销售台账。与周围农户签订粪污消纳土地1000余亩，其中花椒种植面积800亩，玉米种植面积200亩。

有机肥生产工艺：舍内鸡粪通过传送带输送至发酵槽→添加适量锯木粉、谷壳等辅料，将物料含水率调至45%～65%→按菌种使用说明书加入适量菌种→用翻抛机翻拌均匀后进行堆码发酵→翻抛机适时翻抛，连续发酵15～20天后装袋出售。该养殖场的发酵翻抛机和粪肥处理车间如图11所示。

图11　重庆市江津区甘大姐鸡养殖场发酵翻抛机和粪肥处理生产车间

该养殖场的生产成本包括购买锯木粉、菌种的费用，以及设备折旧费、设备维修费、电费、人工费等，粪污处理成本约370元/吨，售价约450元/吨，年产值45万元。

有机肥种养在生态效益方面，一是减少了空气污染。鸡粪生产成有机肥后，大大降低了对养殖场及周边的空气污染。二是减少了化肥的使用。以花椒为例，每吨有机肥可以代替0.15吨有机肥，提高农产品品质，还可以减少化肥对地上流动水和地下水污染。三是改良土壤。有机肥中的菌种可以有效改善土壤板结。

（二）有机肥生产企业助力畜禽粪肥消纳

重庆盛顺园农业科技发展有限责任公司位于油溪镇大坡村，成立于2020年1月，是一家专业从事有机肥、生物质燃料等研发、生产、销售的科技创新型企业，注册资金100万元，占地8亩。

该公司的有机肥原料为畜禽粪肥、花椒枝杆、秸秆、油饼，花椒枝杆和秸秆主要用于调节物料的水分，物料中添加适量菌种，采用槽式堆肥发酵，配置翻抛机，发酵温度在夏季可达80～83℃，冬季可达70℃，发酵周期25～28天。该公司年处理花椒枝杆、玉米秸秆等5万吨，畜禽粪肥2万吨，年生产有机肥3.5万吨，价格1000元/吨。有机肥销往山东、云南、西藏等地，年收益达500万元。

该公司与四川农业大学相关学院开展合作，联合油溪镇大坡村综合开发利用江津花椒等农业废弃物。目前，公司与西南大学合作，在永兴镇旺庄村建立花椒实验基地100余亩，开展土壤酸化治理合作项目。

四、畜禽粪污资源化利用实施成效

（一）工作亮点

1. 培育经纪人，实现异地消纳

种植业不受用地和"三区"划分政策的约束，但养殖业在"三区"划分和用地方面约束性强，部分种植基地周边无畜禽养殖场，无粪肥来源，导致种养结合不紧密。契合市场需求，粪肥经纪人应运而生；充分发挥劳动人民的智慧，设计了小型便捷的粪污储运箱，可以将粪肥运送至周边镇（村）的种植基地以及永川区黄瓜山的黄花梨种植基地等，实现了跨镇、跨区异地消纳。

2. 探索新机制，资源互换共享

重庆盛顺园农业科技发展有限责任公司与农户互换资源，农户自行将花椒枝干、农作物秸秆运送至该公司，1～2吨枝干或秸秆交换2～4包有机肥（25公斤/包），实现资源互换共享。该公司以300元/吨的价格收购畜禽干粪，将这些干粪加工成有机肥销售，不仅实现了畜禽粪肥、花椒枝干、农作物秸秆等资源的有效利用，还进一步促进了有机肥和农产

品品质的提高，依托有机肥生产企业，形成了种养业的双赢局面，有效保护了生态环境。

3. 以种促养，形成特色高效农业产业体系

油溪镇重点突出种植的优势资源，积极推行种养结合，初步形成以优质粮油为基础，以花椒、柑橘、蔬菜、畜牧、小水果五大主导产业为支撑，以茶叶、花卉苗木等产业为补充的"1+5+N"特色高效农业产业体系，实现了春有枇杷、油菜，夏有桃李、花椒，秋有水稻、龙眼，冬有柑橘。油溪镇四季蔬菜瓜果香、畜禽肥又壮，在这里可以赏特色美景，品特色美食，绘出了美丽的"好丰景"。

（二）效益分析

1. 经济效益

种养结合模式有力促进了畜禽粪污资源化利用，不但大大降低了养殖场污染风险，还减少了种植业化肥使用量，节约了种养成本，推动了绿色农业的健康发展，促进了种植业提质增效，促进了农户增收。

2. 社会效益

一是种养结合模式促进了农业持续健康发展，解决了本镇部分农村人口的就业难题，也促进了部分农民持续增收，提高了本镇经济的整体水平。二是因地制宜发展种养循环模式，优化了农业产业结构，有利于新技术、新产品、新模式的推广；对标准化生产的推进、品牌的培育有一定的促进作用，使农产品的市场竞争力大大提高。

3. 生态效益

一是有效改善土壤地力。将畜禽粪肥加工成有机肥，能有效提升土壤有机质含量，增加土壤养分和微生物活力，改善土壤结构，提升耕地质量。二是保护生态环境。坚持"源头减量、过程控制、末端利用"的原则，有效减少了养殖粪污排放量；大力推行种养结合，有效减少了化肥、农药的施用量，有效控制了农业面源污染，促进了农田生态环境改善，保护了水资源和生态环境。

2023年，油溪镇在金刚社区、吴市社区，蔬菜、花椒作物上完成实施有机肥推广示范项目430亩，有机肥施用量300公斤/亩，化肥使用量比上年减少15%以上。

第五节　先　锋　镇

一、先锋镇概况

（一）镇域基本情况

先锋镇是江津城郊现代农业特色镇，东与支坪街道、西湖镇相连，南与李市镇相连，西与慈云镇、龙华镇毗邻，北与几江、鼎山街道连接，距江津城区 11 千米。镇域面积 126.47 平方千米，辖 8 个行政村、2 个社区，人口 6.2 万人，其中农业人口为 5.48 万人。先锋镇以花椒、水果、养殖为主导产业，大力实施种养循环生态农业，精心打造农旅融合乡村品牌。

2023 年，先锋镇被纳入江津区"1+2+N"乡村振兴示范发展规划，成为全域推进城乡融合先行示范镇，获评全国乡村治理示范镇、市首批"万企兴万村"行动典型镇、市中小企业集聚区等。实现地区生产总值 34.12 亿元，工业增加值 2.92 亿元，农业增加值 10.37 亿元。

（二）养殖业基本情况

全镇现有养殖场（户）4319 个，其中 300 头以上生猪养殖场 56 个，50 头以上肉牛养殖场 10 个，5 万只以上蛋鸡养殖场 2 个、肉鸭养殖场 1 个。2023 年年底，存栏生猪 1.81 万头（其中能繁母猪 0.19 万头）、年出栏生猪 3.95 万头，存栏肉牛 0.09 万头、出栏 0.09 万头，存栏肉羊 0.28 万只、出栏 0.51 万只，存栏家禽 24.73 万羽、出栏 63.08 万只，畜禽肉产量 0.44 万吨，禽蛋产量 0.16 万吨。

（三）种植业基本情况

先锋镇农作物以花椒为主，全镇粮食生产面积 7.16 万亩、产量 3.18 万吨，花椒种植面积 12.8 万亩、产量 1.67 万吨，蔬菜种植面积 1.72 万亩、产量 3.61 万吨，水果种植面积 1.25 万亩、鲜花椒产量 8.3 万吨（亩产 1300 斤）。图 12 所示为先锋镇花椒出口基地，图 13 所示为先锋镇花椒基地航拍图。

图 12　江津花椒国家现代农业产业园花椒出口基地

图 13　花椒基地航拍图

二、畜禽粪污资源化利用工作措施

（一）加强领导，健全机制

先锋镇深入践行习近平生态文明思想，认真贯彻落实上级要求，高度重视畜禽粪污资源化利用工作。先锋镇成立了以主要领导为组长，环保、农业分管领导为副组长，财政、环保、产业服务、综合执法等部门负责人为成员的畜禽粪污资源化利用工作领导小组，每季度召开办公会听取有关部门汇报，对畜禽粪污资源化利用工作进行研究部署，明确阶段性工作任务、工作进度和工作举措，确保此项工作有序开展，扎实推进。

（二）部门协作，齐抓共管

畜禽粪污资源化利用工作领导小组定期召开专题会，通报工作情况，肯定工作成效，分析存在的问题，研究解决措施，既有职责分工，又有通力合作，形成定有目标、管有措施、抓有成效、部门联动、齐抓共管的良好工作格局。

（三）强化监管，落实责任

严格按照"谁污染、谁治理、谁破坏、谁恢复"的原则，下发了《关于进一步加强畜禽养殖综合防治工作的通知》，并与辖区内20头生猪当量（含20头）以上的养殖场（户）签订了承诺书。驻片兽医定期监管畜禽粪污资源化利用情况，每月至少排查4次，发现问题及时处理，以免造成环境污染，并将监管情况纳入个人年终绩效考核，确保养殖场（户）主体责任与部门监管责任落地落实。

（四）完善设施，提高利用率

抓住畜禽粪污资源化利用（整县推进）项目申报契机，为辖区10家养殖场争取项目补助资金248.07万元，共建沼气池1630立方米、储液池4060立方米、还田管网10.42千米、生产车间2090平方米、购置设备36台（套），镇内养殖场（户）粪污处理设施装备更加完善，粪污处理利用能力得到大幅提升。与此同时，充分结合花椒产业、果蔬基地等种植优势，大力推广"种养循环"模式，定期深入养殖场（户）督促指导，养殖场（户）依据载畜量自行流转配套土地或与周边种植户签订协议，就地就近消纳利用经过干湿分离、厌氧发酵后的粪肥，提高粪肥利用率，改良土壤结构，降低生产成本，提升产品质量。

三、畜禽粪污资源化利用实施成效

（一）工作亮点

1. 落实责任，打造示范场户

镇、村、社层层签订先锋镇畜禽粪污资源化利用责任书，将畜禽粪污资源化利用工作开展情况纳入年度考核，同时要求养殖场（户）签订先锋镇畜禽粪污治理承诺书，层层压实主体责任和监管责任。通过宣传指导、强化责任落实，打造了一批以重庆联阅农业专业合作社、重庆泰乐利生态农业有限公司为代表的示范场（户）。

2. 以种定养，科学布局

先锋镇测算畜禽粪污产生量和土地消纳能力，按照每养殖1头生猪当量匹配0.6～0.8亩种植用地，确定全镇养殖业规模上限，并适度留有余地。综合考虑粪污消纳能力和输送范围，分类布局养殖场（户）。适养区严格按照种养匹配系数布局养殖场（户），原则上尽量靠近种植区几何中心，便于粪肥输送；限养区根据现有养殖场（户）科学布局果蔬种植规模化企业，满足种植企业粪肥需求；禁养区规划布局田间储液池，储存和周转养殖企业输送的粪肥，便于就近消纳。

3. 建立利益联结和合同约束机制

引导农户以土地作价入股养殖企业、养殖企业以粪肥使用技术入股种植企业，形成企业之间、企业与农户之间的利益联结机制；指导养殖企业分别与种植企业、农户签订粪污消纳协议，双方根据协议分别履行粪肥供应和粪污处置消纳的义务，明确违约责任，强化法律保障。

4. 健全市场风险防范机制

养殖企业按1头生猪当量配套建设0.9立方米密闭式沼液池或1.8立方米开放式储液池，存储用肥淡季富余的养殖粪肥。同时，引导鼓励2家规模较大的养殖企业购买有机肥生产设备，年生产能力约5200吨。当养殖市场行情看好或种植市场行情欠佳时，实现了富余粪肥有去处、能利用，反之则由种植企业或农户通过购买商品肥补缺口，有效防范化解市场波动带来的潜在风险。

5. 打造品牌农产品

通过种养循环，农产品品质得到提升。重庆市江津区丰源花椒有限公司打造了"炊夫牌""麻口香"品牌商标，产品远销国外；重庆归来果业有限公司生产的091无核沃柑（杂柑）荣获"第二届三峡杯优质晚熟柑橘评选"杂柑类金奖。同时，辖区内拥有骄王花椒、九叶青花椒、曾花椒、渝醉香等花椒品牌 10 个以上，有江小橙、雨仙稻谷、曾幺元等农产品龙头企业 18 家。

（二）效益分析

1. 经济效益

作为花椒产业重镇、果蔬优势产区，全镇推广种养循环模式，推行有机肥替代化肥、沼液还田利用，大力改善土壤结构，增加土壤肥力，提升产品质量，增加绿色供给，打造农牧结合示范样本，产业优势不断显现，市场竞争力不断增强。2023 年，全镇年均可增加收益超 1000 万元。

2. 社会效益

通过畜禽粪污资源化利用（整县推进）项目实施，大力推广"畜禽-沼气-种植"（果、椒、菜）等种养一体循环经济模式，将畜禽养殖废弃物变废为宝。镇内种植基地改施有机肥，促进培肥养地，有效保障了农产品的质量和安全，为推动全镇农业高质量发展奠定了良好基础。

3. 生态效益

通过推广种养循环模式，对养殖粪污进行资源化利用，大大降低粪污污染风险，有效控制农业面源污染。畜禽粪污经过发酵处理，能够有效杀灭虫卵和病菌，减少农作物农药用量，有利于提升耕地地力保护，促进农田永续利用，具有良好生态效益。

第六节　柏　林　镇

一、柏林镇概况

（一）镇域基本情况

柏林镇地处江津区南部，东接贵州省习水县坭坝乡、寨坝镇，南靠四面山镇，西邻四面山镇、中山镇，北依蔡家镇，距江津城区80余千米。由于地处江津南端，有"江津南大门"的称号。全镇面积108.41平方千米，辖5个行政村、1个社区居委会，海拔200～1200米，是典型的农业镇和山区镇，森林资源丰富，生态优良，是天然的大氧吧，附近旅游资源丰富，镇内旅游业较为发达。

（二）养殖业生产概况

柏林镇因地制宜，以本地特色畜牧业为经济发展的着力点，促进畜牧产业转型升级。2023年，常年存栏生猪1.76万头、出栏3.06万头，存栏肉牛约0.03万头、出栏0.02万头，存栏肉羊约0.05万只、出栏0.56万只，存栏家禽约5.66万羽、出栏28.93万羽，禽蛋产量330.18吨，饲养中蜂0.16万余箱。

（三）种植业生产概况

全镇经济主要以农业为主，重点生产粮油、蔬菜和畜禽等农产品。2023年，粮油种植面积5.59万亩、总产量2.28万吨，花椒种植面积1342亩、产量约0.02万吨，中药材种植面积6077亩、产量约0.2万吨，水果种植面积2653亩、产量0.32万吨，蔬菜种植面积约2.04万亩、产量2.79万吨。经过多年的培育引导、科学布局、结构优化，全镇农业产业种类丰富，除传统农作物外，还引进了枳壳、臭黄金以及魔芋等经济作物，逐年提升农业产值，增加农产品附加值。

二、畜禽粪污资源化利用工作措施

（一）组织领导

按照属地管理、分级负责的要求，柏林镇成立了以镇长为组长、以分管农业的副书记为副组长的领导小组，将责任细化分解，落实到每个环节，落实到人，给每一个村社都安排了驻片兽医，同时向大型养殖场派驻官方兽医，为畜禽养殖场的粪污资源化利用提供指导。

（二）科学布局

根据《重庆市江津区人民政府办公室关于印发重庆市江津区畜禽养殖禁养区划定方案（调整）的通知》的要求，将全镇规模化畜禽养殖场区域划分为禁养区、限养区和适养区；根据《重庆市江津区人民政府办公室关于印发重庆市江津区畜禽养殖污染防治"十四五"规划的通知》精神，柏林镇禁养区面积约为2.08万亩，限养区面积约为0.4万亩，适养区面积约为13.53万亩，科学划定畜禽养殖区域，进一步调整优化柏林镇畜牧业产业结构，种植业品种丰富，形成了种养循环发展，配套农产品加工、旅游等产业，加快推进一、二、三产业深度融合发展，促进畜牧业转型升级与环境友好协同发展。

（三）日常监管

1. 规范台账管理，全面落实整改

指导畜禽养殖场（户）建立畜禽粪污资源化利用台账、记录粪污的生产和利用去向，全镇建立台账52本。在日常排查过程中，对养殖场（户）存在的安全隐患、设施设备运行情况、粪污资源化利用情况进行全面排查，发现问题及时制定整改方案，发放整改告知书，及时跟踪指导，并完成整改。

2. 加强宣传引导，强化监管力度

一是镇领导高度重视。定期对规模养殖场粪污资源化利用工作开展座谈调研，发现问题及时研判，提出整改方案。二是政策宣传到位。开展畜牧业相关法律法规及技术培训，发放相关宣传册，组织专家深入一线提供技术指导。三是粪污清理到位。按照"谁养殖，谁负责，谁污染，谁治理"的原则，及时清运沉淀池里的粪污，规范处置，保护环境。

3. 落实建场要求，强化环保意识

一是新建养殖场严格落实"三同步"制度，养殖主体要对养殖场的粪污处理设施进行同步规划、同步建设、同步运行。例如，沙河村正在建设的重庆市江津区源兴养殖场，环保设施设备配备齐全，粪污处理工艺先进。二是现场指导与宣传教育、培训相结合，增强养殖主体的环境保护意识。

4. 实行包片制度，压实工作职责

全镇实行驻片兽医包片制度，驻片兽医定点联系村社以及规模养殖场，负责到村到户开展技术指导及日常排查等工作。

三、畜禽粪污资源化利用模式

柏林镇根据畜禽粪污资源化利用要求，按照"源头减量、过程控制、末端利用"和"以地定养、种养结合"的原则，以种养生态循环为抓手，完善畜禽粪污处理、收储、利用设施设备建设，促进养殖业转型升级。

（一）规模养殖场粪污处理模式

1. 异位发酵床模式

在传统发酵床养殖基础上进行升级改进，生猪不与垫料接触，安装节水型自动饮水装置。猪舍地板为漏缝板：粪便和尿液通过漏缝地板进入集污池→集污池内的粪污通过刮粪板刮入舍外调节池→用切割机将粪污切割成粪浆→通过喷淋系统再将粪浆喷洒到发酵床（发酵床需铺设木屑、稻壳等垫料，适时加入菌种）→用翻抛机进行翻堆腐熟→直接作为有机肥料进行农田利用。

以重庆仙年农业开发有限公司为例，该公司存栏生猪2000余头，年出栏生猪4000余头，粪污处理采用异位发酵床技术，固态有机肥用于种植枳壳等经济作物，为重庆市江津区薪农中药材种植合作社及枳壳种植基地（图14）提供肥料。截至目前，全镇共有枳壳种植面积6000余亩，主要分布在兴农村和复兴村，为种植企业节约肥料成本100多万元。

图14　无人机拍摄枳壳基地

2. 粪肥还田利用模式

以重庆沃硒农业开发有限公司为例，该公司存栏生猪600余头，建有化粪池约400立方米、氧化池1080立方米、还田管网1千米，流转土地面积100余亩，种植构树70余亩用作生猪饲料；同时还为周边农户提供180亩地所用粪肥，农户通过自行运输、安装分支管网等方式使用粪肥，形成了以养殖主体为核心的自我小循环。该公司种植构树，适时收割构树进行粉碎打包青贮，作为生猪饲料的重要原料之一，图15所示为该公司部分管网铺设图。

工艺流程：养殖场对产生的粪污集中收集，经过干湿分离后，对固体粪便进行堆肥发酵并就近肥料化利用；水粪进入玻璃缸→氧化塘好氧发酵→水肥一体化→农田利用。

图15　重庆沃硒农业开发有限公司管网

以重庆市户硒品农业开发有限公司为例，该公司常年生猪存栏2000头，其中母猪120头、公猪5头，采用自繁自养养殖模式，建有沼气池600立方米、化粪池及沼液池1400立方米、还田管网3千米，流转周边土地面积200余亩，用于种植花椒、西瓜、牛皮菜、红薯、土豆等农作物；周边农户种植用地约800亩，农户自行装运肥料用于种植。图16所示为该公司的沉淀池和干湿分离机。

养殖场实行干湿分离、雨污分流。将粪污进行干湿分离，干粪堆码发酵后用于农田种植；水粪进入沼气池进行厌氧处理后，沼液进入储存池，适时进行农田灌溉利用。

图16　重庆市户硒品农业开发有限公司的沉淀池和干湿分离机

（二）规模以下养殖户粪污处理模式

散养户养殖量一般在10头（只）以下，产污量不大，大部分散养户采用水泡粪方式集中收集粪污。小部分散养户对粪污进行了干湿分离，将圈舍里的干粪铲出，固定堆放在圈舍旁边的发酵池中，用塑料薄膜覆盖进行厌氧发酵后使用；对水粪集中收集处理、利用。通过以上方式形成的肥料和粪水，在农用期间适时还田还土。

三、畜禽粪污资源化利用实施成效

（一）工作亮点

1. 明确目标，助力乡村振兴

畜禽粪污资源化利用可以保护绿水青山，实现生态畜牧业高质量发展，助力脱贫攻坚成果同乡村振兴有效衔接。全镇与养殖场（户）产生了利益连接的脱贫户有50余户，全年为脱贫户提供有机肥1000余吨。

2. 种养结合，发展绿色农业

按照"农牧结合、循环发展"的原则，积极争取政策支持，大力推进种养配套、资源充分利用的生态畜牧业发展模式，形成了以粮食、蔬菜等传统作物为主、以枳壳和茶叶为特色的农业产业，充分发挥柏林镇农副产品绿色、生态、优质、富硒的特点，培育、扶持、壮大种养主体。以重庆嘉彤金银花种植股份合作社、重庆润博农业开发有限公司为代表的种植企业，通过畜禽粪污资源化利用，大力提升了农副产品的产量和品质；重庆润博农业开发有限公司的茶叶通过了有机认证，茶叶种植基地面积99.9亩、产量3.8吨，6000多亩枳壳已集中挂果。

3.抱团发展，延伸产业链条

在种养大户的示范带动下，柏林镇生猪、羊、肉牛、粮食、蔬菜、中药材等产业有规模、有特色，生产出了优质、丰富的农副产品。为了让更多的消费者了解、体验优质产品，柏林镇通过搭建电商平台的方式，向广大消费者推广山区特色的农副产品，打通产销环节，延伸产业链条。

华盖味道电商平台的经营主体是重庆华盖生态农业开发有限公司，该公司的经营范围为种养殖业农产品及加工产品，包括生鲜农产品（牛肉、羊肉、土鸡蛋、土鸭蛋、玉米、黑豆、沃柑等）、初加工农产品（腊肉、干笋子、盐白菜、干辣椒等）及深加工农产品（红薯粉条、野生葛粉等），年销售额100多万元。图17、图18所示分别为该公司的电商平台和商品列表。

图17　华盖味道电商平台

图18　电商平台上的商品列表

（二）效益分析

1.经济效益

全镇施用粪肥和有机肥约2.6万吨，减少了化肥使用量，节约种植成本约600万元，提高了农作物的产量和品质，以及农作物的价值。通过流转土地种植枳叶、花椒、西瓜、牛皮菜、红薯、土豆等农作物，提高了农副产品的经济效益，同时为养殖场（户）提供了绿色有机饲料，提高了肉质品质，节约了饲养成本。例如，重庆市户硒品农业开发有限公司与华盖味道电商平台合作，进行腊肉加工，腊肉价格达到了55元/斤，高于普通腊肉，大幅增加了经济收益。

2. 社会效益

全镇推进畜禽粪污处理与资源化利用模式，以改善农村生态环境、促进生态农业发展为目的，以农业废弃物资源化和综合利用为出发点，以自行运作、政府监督为基础，以减量化、资源化、无害化为原则，大力推行种养结合的模式，部分养殖场稳定为周边农户提供有机肥，形成了种养结合的粪污处理闭环；部分养殖场（户）通过流转土地发展种植业，实现种养结合，实现粪污处理闭环。将畜禽粪污资源变废为宝，可以化害为利，减少环境污染风险，提高全镇畜禽粪污资源化综合利用能力。柏林镇在发展养殖业的过程中，稳定为周边农户提供劳动就业岗位40余个。

3. 生态效益

一是化肥用量明显下降。通过施用农家腐熟粪肥和增施有机肥，改良土壤，培肥地力，提高了土壤的透气性，增加了土壤微生物的活性，降低了板结程度，促进了作物根系生长，而且提高了土壤有机质含量及农产品品质。二是环保意识明显提升。通过规范村民养殖行为和习惯，加强村民的生态环保意识，逐步提高畜禽粪污资源化综合利用率，全镇卫生环境整体水平得到极大提升，促进了美丽乡村建设，提高了群众的幸福感和获得感。

第七节　西　湖　镇

一、西湖镇概况

（一）镇域基本情况

西湖镇位于江津区东南部綦江河畔，距江津城区46千米，北与支坪镇接壤，经珞璜镇通往重庆市区，西与李市、嘉平镇连接，南与綦江区永新镇毗邻，东经贾嗣镇接渝黔高速路。全镇面积143平方千米，辖6个行政村、2个社区居委会，总人口4.9万人，镇域内耕地面积6.17万亩、林地面积9.6万亩，森林覆盖率为38%。土地肥沃，适宜多种植物生长，盛产柑橘、绿茶、葛根、早熟梨、蚕桑、花椒等。

（二）养殖业生产概况

西湖镇畜牧业采取"规模养殖+家庭农场+散养"的养殖模式。2023年年底，存栏生猪2.75万头、出栏4.99万头，存栏肉牛0.09万头、出栏0.05万头，存栏山羊0.54万只、出栏0.34万只，存栏家禽29.5万羽、出栏47.73万羽，肉产量0.49万吨，禽蛋产量0.09万吨。全镇养殖场（户）5000余家，其中规模养殖场40家（猪养殖场26家、牛养殖场2家、羊养殖场9家、兔养殖场1家、鸡养殖场2家）。

（三）种植业生产概况

西湖镇既是农业镇，也是传统水稻种植区，全镇已形成以水稻为主导产业、以畜禽水产和特色经果为辅的农业产业结构。粮食作物种植面积8万亩、产量3.38万吨，水果种植面积2.61万亩、产量3.36万吨，蔬菜种植面积3.15万亩、产量5.2万吨，中药材种植面积0.58万亩、产量0.22万吨，花椒种植面积1.46万亩、产量0.17万吨。

二、畜禽资源化利用工作措施

（一）落实日常监管

明确养殖场（户）畜禽粪污资源化利用主体责任，落实驻场、驻村兽医"一岗双责"

环保要求，要求驻场、驻村兽医结合每月养殖场巡查，同步开展畜禽粪污资源化利用工作；指导养殖场（户）填写畜禽养殖粪污资源化利用台账记录，督促养殖场（户）做好畜禽粪污资源化利用工作，发现利用不到位或存在偷排、漏排嫌疑的行为，及时要求养殖场（户）整改，将环境风险控制在可控范围内，有效促进畜禽粪污资源化利用。

（二）加强部门协作

一是建立协作机制。西湖镇党委和政府行政办公会定期研究畜禽粪污资源化利用工作，农业、环保、综合执法等部门分管领导参与联席会议，镇政府下发强化畜禽粪污资源化利用文件，分解环保任务，落实相关部门职责。二是开展联合执法。由环保部门牵头，产业发展、综合执法等部门配合，对辖区内养殖场偷排、漏排等违法行为开展巡查和督促整改，在规定时限内未完成整改的，及时移交区级环保部门立案查处，保持高压打击态势。三是取缔关闭禁养区内畜禽养殖场。由镇产业发展服务中心牵头，环保、综合执法、村委会等部门配合，对禁养区内畜禽养殖场（户）进行取缔关闭，并落实定期巡查制度，防止禁养区内出现新建场或复养等情况。

（三）落实上级要求

一是积极争取畜禽粪污资源化利用项目。根据文件要求，积极组织区域内符合条件的10余家养殖场（户）申报项目，成功争取并完成了项目建设内容，畜禽粪污处理设施设备得到有效提升。二是及时学习，传达文件精神。组织镇产业发展服务中心、环保等部门工作人员及时学习新动态、新要求、新政策等，提高从业人员的专业技能，增强"绿水青山就是金山银山"的环保意识。三是转发上级文件。结合本镇实际情况，及时转发或下发畜禽粪污资源化利用文件，指导村委会、养殖场（户）做好畜禽粪污资源化利用工作。

三、畜禽粪污资源化利用情况

西湖镇畜禽粪污资源化利用坚持"源头减量、过程控制、末端利用"的原则。养殖场圈舍地面采用漏缝板设计，减少水冲粪；饮水系统为计量式的，减少跑、冒、滴、漏，净道与污道分离，在源头减量和过程控制方面采用先进技术；粪污处理及利用以"干湿分离、干粪就近或异地消纳、水粪就近还田还土"的模式为主，是一种养殖场（户）粪污低成本处理、种植业主低成本使用的经济实用型模式。

（一）"合同制供肥"消纳粪污

以辖区内的重庆牛森生态农业发展有限公司为例，该公司主要从事肉牛养殖，2021年9月建成投产，建设总投资800万元。牛场占地12.8亩，建成生产圈舍2栋，建筑面积

2500平方米；管理及辅助用房612平方米，生产管理人员8人；常年存栏肉牛200头以上，年出栏肉牛200头以上，在市场行情较好时，年总收入达500万元。图19所示为该公司养殖生产区。

图19　重庆牛森生态农业发展有限公司养殖生产区

采用干清粪工艺，通过干湿分离机进行固液分离，对干粪进行堆码发酵，水粪进入储液池发酵处理，适时利用。安装还田管网4.8千米。该公司主要通过与果园、蔬菜种植基地、牧草种植户签订消纳合同进行粪污处理，将干粪销售到骆崃山生态果园、贾嗣镇龙山魔芋基地、蔡家魔芋基地等，价格200元/吨；液体肥料供周边牧草种植基地等使用，同时，将种植出来的牧草销售给肉牛养殖场，不仅实现了粪污消纳，还促进了农户增收，实现了种养循环。图20所示为该公司的牧草基地。

图20　重庆牛森生态农业发展有限公司牧草种植基地

（二）以种定养，提高粪污资源化利用率

以江津区大石坝养殖场为例，该养殖场是为了解决重庆市展润柑橘专业合作社柑橘基地的肥源问题而建设的，建于2012年。该养殖场主要从事生猪养殖，圈舍面积1650平方米，管理及辅助用房160平方米，生产管理人员3人；常年存栏生猪500头以上，配套建设自动饮水、风机、水帘等降温及生产设施，属于家庭农场式生产模式。该养殖场修建沼气池350立方米、储液池400立方米、田间储液池1500立方米，配套干湿分离机1台和沼液还田管网3.2千米。图21所示为该养殖场田间储液池。

重庆市展润柑橘专业合作社柑橘种植面积500亩，柑橘产量1500公斤/亩，价格6元/公斤，产值450万元。该合作社带动周边农户种植柑橘，对农户提供技术指导和培训，必要时还要提供粪肥给周边的椒农灌溉花椒，灌溉面积达300亩。

图21　江津区大石坝养殖场田间储液池

四、畜禽粪污资源化利用实施成效

（一）畜禽粪污资源化利用率大幅提升

通过落实政策引导、培育养殖场（户）环保责任主体意识，加强日常巡查监管、强化联合执法力度、取缔关闭禁养区内畜禽养殖场（户）等系列措施，采取种养结合技术路径，对畜禽粪污就近还田还土消纳，基本实现了畜禽粪污资源化合理利用。截至2024年年底，全镇规模养殖场粪污设施设备配套率达到100%，养殖场（户）畜禽粪污资源化利用率稳定在90%以上。

（二）从源头上减少化肥使用量

开展种养循环有效减少了化肥使用量，缓解了土壤贫瘠退化、农作物品质下降、农业面源污染严重等一系列问题，从源头上使土壤得到进一步改善，促进了农业可持续发展。

（三）有效助推乡村振兴发展

畜禽粪污变废为宝后，有效节约了粪污处理、种植肥料等费用，从源头上降低了面源污染风险，实现了节本增效，促进了农民增收，有效改善了农村居住环境，进一步推动了人居环境整治工作，推动了美丽乡村建设。截至2023年年底，全镇已有高山富硒优质大米、跑山猪肉、土鸡、土鸡蛋、卡拉卡拉红肉脐橙、葡萄、葛粉、红苕粉、笋竹和新鲜蔬菜等50余类农产品实现"触网"经营，形成了互联网+公司（企业）+实体店的销售渠道，累计发展农村电商13家，农产品电子商务销售额达4000多万元。图22所示为西湖镇种植的部分水果，图23所示为西湖镇的大米产品。

图22　西湖镇种植的部分水果

图23　西湖镇的大米产品

第八节　吴　滩　镇

一、吴滩镇概况

（一）镇域基本情况

吴滩镇地处江津区西北边缘、三岔河畔，东邻德感街道，南与油溪镇毗邻，西接永川区，北靠璧山区广普镇，距江津城区32千米，距江北国际机场70千米。吴滩镇紧邻九永高速和渝昆高铁永川南站。渝泸高速复线和永津高速过境，其中永津高速吴滩下道口设在郎家村，距吴滩场镇1千米，省道S208、S547连接吴滩镇外部交通，境内县道X838、津永公路、德朱公路、吴平公路、吴丁公路、吴现油路连接镇内各村社，乡村道纵横交错，村组道路通畅率100%，产业道路通达田间地头，区位优势十分明显，具有发展乡村旅游产业、农产品加工业的良好条件。吴滩镇面积82平方千米，总户数15 496户、人口3.82万人。全镇设8个村、1个居委会。聂荣臻元帅故居原名石院子，位于吴滩镇郎家村。

（二）养殖业生产概况

2023年，全镇存栏生猪2.19万头，其中能繁母猪0.16万头，出栏生猪3.9万头；存栏肉牛约0.02万头、出栏0.01万头；存栏山羊0.18万只、出栏0.18万只；存栏家禽30.15万羽、出栏118.5万羽；主要畜禽肉产量0.5万吨，禽蛋产量0.1万吨。

（三）种植业生产概况

吴滩镇粮食种植面积4.2万亩，年产量达2.24万吨；蔬菜种植面积5.34万亩，年产量9.95万吨；花椒种植面积4.08万亩、年产量0.48万吨，水果种植面积0.55万亩、年产量0.85万吨。其中郎家村以蔬菜为主导产业，被成功认定为第三批市级"一村一品"示范村；现龙村获全国乡村特色产业超亿元村。吴滩镇有"三品一标"26个，市级名牌农产品2种，绿色食品8种，有机转换认证产品3种。

二、畜禽粪污资源化利用工作措施

（一）属地管理，分级负责

为切实做好畜禽粪污资源化利用工作，成立以镇长为组长，镇分管领导为副组长，由产业发展、综合执法、环保、规资等相关部门组成的工作领导小组，统筹协调全镇畜禽粪污资源化利用工作，实行驻村领导包村，驻村干部及村干部包社，社干部包户，防疫技术人员包质量的分村包片负责制度。

（二）规划布局科学合理

根据江津区政府办公室《关于印发重庆市江津区畜禽养殖禁养区划定方案（调整）的通知》和《关于印发重庆市江津区畜禽养殖污染防治"十四五"规划的通知》精神，以及《重庆市江津区富硒农业产业总体规划（2019—2025）》，将吴滩镇作为江津区现代农业园区特色蔬菜园进行规划、打造；结合聂荣臻元帅旧居，将"红色"旅游和"绿色"蔬菜发展有机结合，将吴滩镇打造成江津区立体种养循环农业示范园、吴滩生态循环农业示范园、津北片区交通枢纽、全市乡村旅游目的地，使"聂帅故里·和美吴滩"成为享誉全市的独有名片。

（三）多措并举，强化监管

1. 加强日常监管

通过驻片或驻场兽医疫情普查和日常巡查等方式，检查畜禽养殖场（户）的粪污处理设施运行情况。要求畜禽养殖场（户）落实专人负责设施设备的运行和管护，发现问题及时维修，确保粪污处理设施正常运转。

2. 建立利用台账

根据《中华人民共和国畜牧法》的规定，吴滩镇畜禽养殖场建立了养殖档案和粪污利用台账，便于监管畜禽粪污的产生、处理及去向情况。

3. 新建场准入制

根据《重庆市江津区畜禽养殖禁养区划定方案（调整）》要求，将全镇畜禽养殖区域划分为禁养区、限养区和适养区，严格落实新建畜禽养殖场的相关要求。一是严把新建准入关，严格落实"三区"要求，坚持"以地定养、种养循环"的原则，适度规模养殖。二是新建场严格落实"三同时"制度，养殖主体在建场的同时，同步规划、建设与养殖规模相匹配的粪污处理设施，并同步运行使用，确保畜禽粪污收集、储存、处理、利用妥当，避免对环境造成污染风险。三是镇产业发展服务中心技术人员跟进指导养殖场建设。养殖场按照"源头减量、过程控制、末端利用"的原则规划设计，在养殖业中采用节水节料新工艺、新技术、新设备。

（四）畜禽粪污资源化利用模式

1. 大中型沼气处理

以重庆盛皇养殖有限公司为例，该公司主要从事生猪养殖，是一家适度规模的自繁自养场，可存栏生猪3000头，有能繁母猪300头。按照"源头减量、过程控制、末端利用"的要求，该公司圈舍地板为漏缝地板，粪污通过漏缝板进入粪污收集池，经过清粪机刮入封闭粪污管道，流入粪污调节池，经搅拌后固液分离。分离后的干粪被堆码发酵后就近消纳；污水则进入沼气罐进行厌氧发酵；沼液进入储存池，通过管网还田还土，用于周边柑橘、花椒、蔬菜等农作物种植。富余沼液经过污水处理后用于养鱼或种植水草。图24所示为该公司沼液池、粪污处理发酵罐，图25所示为该公司粪污处理管网设施。

图24　重庆盛皇养殖有限公司沼液池、粪污处理发酵罐

图25　重庆盛皇养殖有限公司粪污处理管网设施

2. 封闭式发酵处理

以六德家禽养殖专业合作社为例，该合作社圈舍安装粪污传送带2.9千米，建有干粪堆积车间1200平方米，发酵罐1个，常年存栏蛋鸡5万只。鸡粪通过传送带输入粪污收集池，调节干湿度后进入封闭式发酵罐，发酵后的干粪打包后就近或异地消纳。图26所示为该合作社发酵罐及场内蛋鸡。

图26　六德家禽养殖专业合作社发酵罐

3. 适度规模，循环利用

以修能生猪养殖场为例，该养殖场位于吴滩镇郎家村，主要经营生猪养殖，设计存栏生猪1500头，建有沼气池450立方米、沼液池3000立方米，干粪堆积房50平方米，安装沼液还田管网2千米。该养殖场周边配套了4个农业公司消纳粪肥，分别为郎顺园农业开发有限公司、硒可达农业科技有限公司、清之泉（重庆）农业开发有限公司、天罡星农业开发有限公司。硒可达农业科技有限公司种植火龙果、枇杷、柑橘等水果168亩；郎顺园农业开发有限公司等种植蔬菜600余亩、花椒1200亩、特色蔬菜150余亩。

该养殖场对粪污进行干湿分离，干粪堆积发酵后用作基肥，水粪通过沼气池进行厌氧发酵，沼液进入储存池，通过管网就近消纳。图27所示为修能生猪养殖场粪污处理设施。

图27　修能生猪养殖场粪污处理设施

4. 规模以下养殖户

规模以下养殖户主要通过人工进入圈舍收集干粪，尿液进入沼气池，进行厌氧发酵后用作周边农作物的肥料，能够完全消纳。

三、畜禽粪污资源化利用实施成效

（一）工作亮点

1. 形成立体种养循环模式

吴滩镇坚持生态优先、绿色发展的理念，推广种养结合生态循环发展路径，是全国"一村一品"示范村镇、国家蔬菜种植综合标准化示范区项目基地、重庆市无公害蔬菜基地，江津区高标准蔬菜产业示范镇、江津区现代畜牧业示范区、江津区蔬菜畜牧循环农业示范园，形成了猪-沼-菜（粮、果、花椒）立体种养循环模式，粪污资源得到充分利用，促进了养殖业的持续发展，以及无公害、绿色农产品的生产。图28所示为吴滩镇立体种养循环模式养殖成果。

图28　吴滩镇立体种养循环模式养殖成果

2. 形成"1+N"现代农业产业体系

吴滩镇以打造集现代蔬菜科技展示、立体种养循环示范、红色乡村旅游、城乡一体的现代农业综合示范园区为目标，重点发展蔬菜、花椒、畜禽、水果、水产、蚕桑六大特色产业，构建起以生姜、卷心菜（结球甘蓝）为主的蔬菜主导产业，以花椒、蚕桑、水果、生猪为配套产业的"1+N"现代农业产业体系。吴滩镇有蔬菜种养大户96家、家庭农场17家、农民专业合作社47家，流转土地2.2万亩，与农户建立了利益联结机制，促进了农户增收。立体种养循环模式推动了吴滩镇农业的绿色发展。

3. 资源化利用双赢模式

坚持"减量化、资源化、再利用"循环经济理念，大力实施良种、良法、良肥配套技术，建立起资源—产品—利用—生产的循环机制。结合农村改厨、改厕、改圈和庭院美化、绿化、净化等人居环境改造，将人、畜、禽排泄物入池发酵，沼液、沼渣用作基地肥料，实现产气、积肥同步，种植、养殖并举，经济、生态双赢，畜禽规模养殖场粪污处理设施装备配套率达到100%，畜禽粪便（或秸秆）综合处理率达到90%。

（二）效益分析

1. 经济效益

通过固液分离，使畜禽粪污得到资源化利用，比如生产有机肥用于农产品种植等。生产的有机肥替代部分化肥，减少了使用化肥的开支，同时提升了农产品质量，提高了经济效益。生产的沼气用作养殖场和周边农户的生产用气，一定程度上节约了农户的生活成本。通过测算，全镇每年产粪量约4.6万吨，用于种植周边经济作物和农作物，每亩可节约肥料成本0.03万元，节约种植成本约3700万元。

2. 生态效益

一是辖区养殖场粪污实现闭环消纳，降低了环境污染风险。畜禽养殖场粪污处理利用设施配置基本齐备，养殖场采取发酵罐厌氧处理、干粪堆码发酵等方式，使得养殖场粪污处理利用水平进一步提升，种养结合紧密，有效促进粪污消纳。二是土壤肥力得到有效改善，提高了肥料利用率。将畜禽粪污变粪肥，实现种养生态循环，促进化肥减量增效，推动了吴滩镇畜牧业绿色发展。

3. 社会效益

提高农产品品质。通过"猪-沼-蔬/果/花椒"种养结合模式对养殖场粪污进行综合利用，减少了化肥使用量，提升了蔬果品质和土壤肥力。郎家村以蔬菜为主导产业，获评重庆市第三批"一村一品"示范村，现龙村获评全国乡村特色产业超亿元村，现龙村花椒基地被农业农村部确定为绿色花椒基地，吴滩镇农业花椒基地被江津区确定为花椒出口基地。吴滩镇形成了多个农产品品牌，提升了农产品品牌效益。

第九节 贾 嗣 镇

一、贾嗣镇概况

（一）镇域基本情况

贾嗣镇位于江津区东部，地处龙登山下、綦河之滨，面积83.9平方千米，辖7个村（社区），总人口3.44万人。贾嗣镇是江津区东南部重要的水陆码头，东邻杜市镇、夏坝镇，南连西湖镇、支坪街道，北靠珞璜镇，西南接綦江区永新镇，距江津城区30千米、巴南城区35千米、綦江城区35千米，江綦高速、S550、渝黔铁路、綦河穿境而过，已实现江津、巴南、綦江半小时直达。

（二）养殖业生产概况

贾嗣镇以生猪养殖为主导产业，以草食牲畜、家禽、中蜂养殖等为特色产业，坚持以家庭农场养殖为主、散养为辅的养殖模式，基本能够实现畜禽产品自给自足。2023年年底，存栏生猪1.29万头、出栏3.45万头，存栏肉牛0.02万头、出栏0.01万头，存栏山羊0.3万只、出栏0.74万只，存栏家禽24.24万羽、出栏68.68万羽，蜂蜜产量0.08万桶，肉类产量0.4万吨，禽蛋产量0.16万吨。

（三）种植业生产概况

贾嗣镇农业以种植水稻、玉米、蔬菜、柑橘、桑葚、青梅等为主。2023年年底，粮食作物种植面积5.7万亩、产量2.49万吨，花椒种植面积0.75万亩、产量0.07万吨，蔬菜种植面积2.1万亩、产量4.5万吨，水果种植面积1.1万亩、产量1.24万吨。

二、畜禽粪污资源化利用工作措施

（一）部门协作

一是领导层面重视。领导高度重视畜禽粪污资源化利用工作，在组织保障、资金投入、产业政策等方面予以大力支持。二是部门配合到位。在镇级层面，由产业发展、环保、综合执法等部门负责管理畜禽粪污资源化利用工作，由政府统一管理，合署办公，各部门人员沟通衔接密切。开展联合行动时，各部门动作迅速、配合到位，能在短时间内完成集合、整治、执法等系列工作，成效显著。

（二）落实上级要求

一是根据上级文件要求，制定畜禽粪污资源化利用相关文件，科学指导村委会和养殖场（户）开展工作。二是积极争取项目资金，组织实施畜禽粪污资源化利用项目，建设沼气池800立方米、配套漏粪板2000平方米、排污管网3000米，购置粪污处理设备6台。三是积极配合开展环保检查，在做好环保监管的同时，积极配合中央、市级、区级环保督察，按时完成问题整改，举一反三，避免同类型问题重复出现。

（三）强化日常监管

一是强化日常巡查监管，建立巡查记录，及时更新"一场一档"信息，建立养殖台账的养殖场11家。二是按照"雨污分流、干湿分离、管网还田"要求，督促养殖场（户）严格执行还田还土工作，确保畜禽粪污得到有效利用。三是积极推广适度规模养殖模式，要求养殖场（户）配套相应的土地，有条件的可以采用高效的粪污处理方式，基本达到了农牧循环、种养平衡的效果。四是加强对重点养殖场（户）的风险监管，积极处理环保投诉，做好技术指导和业务帮助工作，降低环境污染风险。

（四）粪污资源化利用模式

1. 规模养殖场（户）粪污资源化利用模式

坚持"以地定畜""一符合、两分离、三配套"原则，采用漏粪板工艺，配套建设发酵池、沼气池、沼液池、干粪棚、干湿分离机、沼液贮存池、还田管网等设施设备，做好日常维护，确保设施设备正常运转。对干粪就近或异地消纳，售价1～5元/袋，水粪就近就地消纳。

2. 规模以下养殖场（户）粪污资源化利用模式

以周边农户或自家种植需求确定养殖数量，粪污处理以化粪池或沼气池处理为主，总体上实现就近就地消纳，实现种养平衡，未对周边环境造成不利影响。

三、畜禽粪污资源化利用实施成效

（一）工作亮点

1. 适度规模养殖模式，畜禽粪污装备配套到位

根据周边土地资源用肥需求，采用适度规模养殖模式，种养循环利用，畜禽粪污综合利用率达到90%以上，规模养殖场粪污处理设施装备配套率达到100%，未发生重大畜禽粪污破坏周边环境事件。

2. 科学布局特色产业，合理利用畜禽粪肥资源

镇域内畜禽养殖场主要以适度规模养殖为主，将粪肥输送给周边农户或种植基地。周边农户自行修建粪污储存设施，解决粪污贮存问题，形成了一棵树、一朵花、一颗果等多样化产业。

一是种好一棵桑葚树。围绕"桑渔之地"的定位，将桑葚确定为特色效益农业产业之一。全镇种植果桑1200余亩，品种13个，平均亩产2000斤。采取"桑葚+农产品加工""桑葚+旅游观光"的发展模式，引进企业进行桑葚酒生产，实现桑葚产业"接二连三"，助推乡村振兴和文旅融合发展。"贾嗣"牌桑葚酒获评2018年渝、湘、鄂、赣、闽、桂、滇、粤酒类质量检评金奖和江津区"十大富硒产品"；津予酒业有限公司被评为区级农业加工龙头企业，实现农户增收和企业发展"双赢"；五福村入选重庆市"一村一品"示范村。

二是育好一朵金丝皇菊。招商引进重庆花之舞农业发展有限公司和重庆农西农产品商贸有限公司，连片种植金丝皇菊500亩，年产值达1000万元，具有良好的经济价值和观赏价值。

三是开发一颗青梅果。与江小白酒业有限公司合作，以"股种""租种""代种"方式种植青梅1200亩，目前已开始挂果，贾嗣镇成为梅见酒重要原料基地。江小白酒业有限公司保底收购价2元/斤，丰产后亩产值超6000元。

四是因地制宜，种植产业多样化。除发展特色产业外，以订单农业方式发动群众种植水果、蔬菜及粮油作物，种植蔬菜（含复种）4800余亩、柑橘2500余亩、花椒4000余亩、李子1000余亩、红花香桃100余亩、富硒水稻800亩，带动群众增收。

（二）效益分析

1. 经济效益

养殖场（户）将畜禽粪污进行干湿分离，干粪堆积发酵后还田还土，水粪利用沼气池处理后就近还田还土，减少化肥使用量，可为全镇种植业节约肥料成本约200余万元。

2. 社会效益

一是降低了环境污染，增加了有机肥使用比例，改良了土壤肥力，缓解了耕地退化，极大夯实了全镇农业高质量发展基础，助推乡村振兴事业。二是指导产业项目和经营主体就近就地吸纳用工，帮助村民在"家门口"实现就业。2023年，金丝皇菊种植基地带动150名群众就业，人均年增收超6000元。

3. 生态效益

通过源头减量、过程控制、末端治理的技术，有效减少了粪污排放量，有力推动了全镇畜禽粪污资源化利用效率，实现了化肥减量，降低了环境风险。

第十节　夏　坝　镇

一、夏坝镇概况

（一）镇域基本情况

夏坝镇区域总面积 39.4 平方千米，人口 1.7 万人，下辖 3 个社区、5 个行政村，地处江津区东南部，东与杜市镇相接，南与广兴镇、綦江区永新镇为邻，西与贾嗣镇毗邻，北与杜市镇相接，境内地形大部为丘陵，地势东高西低，南北高、中部低，海拔 200～400 米，距江津区人民政府驻地 49 千米。

（二）养殖业生产概况

夏坝镇以生猪养殖为主导产业，2023 年年底，存栏生猪 1.02 万头（其中能繁母猪 0.07 万头），存栏肉牛 0.01 万头，存栏肉羊 0.04 万只，存栏家禽 12.32 万羽，全年肉产量 0.17 万吨，禽蛋产量 0.02 万吨。

（三）种植业生产概况

夏坝镇农业以种植水稻、玉米、小麦、红苕、蔬菜为主，随着产业结构的调整，以枳壳、花椒为代表的特色种植业发展迅猛。夏坝镇粮食作物种植面积 1.86 万亩、产量 0.74 万吨，蔬菜种植面积 0.72 万亩、产量 1.15 万吨，水果种植面积 0.15 万亩、产量 0.15 万吨，花椒种植面积 0.13 万亩、产量 0.01 万吨，紫苏、金丝皇菊种植面积 0.2 万亩、产量 0.07 万吨，枳壳种植面积 0.4 万亩、产量 0.8 万吨。

二、畜禽粪污资源化利用工作措施

（一）领导重视

镇领导高度重视畜禽粪污资源化利用工作，对辖区内规模养殖场调研、指导形成常态化，针对存在的问题，专题研究，及时解决，将风险化解在萌芽状态。

（二）部门协作

镇产业发展服务中心牵头负责对接相关部门及村（社区），负责畜禽粪污资源化利用监管、衔接、处理等工作，落实专人负责，做好政策宣传、技术服务、监督管理等工作，确保畜禽粪污资源化利用工作顺利推进并取得实效。

（三）贯彻落实上级要求

一直将环保工作作为养殖场监管的一个重要任务，在提升养殖场布局、环保设施设备上下功夫，依法取缔、关闭禁养区养殖场2家。通过财政资金引导、业主自筹的方式，督促养殖场完善粪污资源化利用设施设备，进一步提升规模养殖场的粪污资源化利用能力。

（四）日常监管

1. 制定利用计划

按照以地定畜、种养结合的原则，结合周边土地消纳能力，指导畜禽养殖场（户）制定畜禽养殖废弃物产生、排放、综合利用计划，确定养殖规模，将环境风险降到最低。

2. 规范台账管理

指导畜禽养殖场（户）建立畜禽粪污资源化利用台账4个，及时记录粪污去向，以便了解利用情况。

3. 加强宣传引导

以养殖监管为契机，驻片、驻场兽医到养殖场发放相关法律法规的宣传资料，并对相关要求进行现场宣传和讲解，增强环保意识，指导养殖场（户）畜禽粪污规范排放、规范利用，进一步落实畜禽养殖场（户）污染防治主体责任。

4. 压实工作职责

落实官方兽医联系村社以及规模养殖场，定期或不定期开展排查，发现问题立即与业主沟通，限期整改，及时化解风险。

三、粪污资源化利用情况

推行种养结合模式，采用粪污全量还田、粪便堆肥利用、粪水肥料化利用、粪污能源化利用等技术，为全镇种植业提供充足肥源。

1. 规模养殖场粪污资源化利用情况

以江津区祥裕生猪养殖场粪污资源化利用为例，该养殖场为生猪自繁自养场，位于夏坝镇余粮村4组，占地14亩，2021年3月建成投产，建设总投资1300万元，有生产管理人员7人。该养殖场有生产圈舍4栋，建筑面积6300平方米，其中管理用房及辅助用房800平方米；母猪设计存栏600头、种公猪4头，生猪设计存栏3000头；年出售仔猪3800头，年出栏肥猪6000头。图29所示为江津区祥裕生猪养殖场全景图，图30所示为该养殖场圈舍。

图29　江津区祥裕生猪养殖场全景图

图30　江津区祥裕生猪养殖场圈舍

该养殖场建有沼气池800立方米、沼液储存池4000立方米，安装管网5千米；有干湿分离机4台、排污泵3台；配备吸粪车2台，分别载重18吨和12吨，专门用于将沼液运输到种植基地。

该养殖场圈舍地板为漏粪板，漏粪板下方设置粪槽，粪污暂存在粪槽内，适时通过刮粪板将粪污刮出。粪污经干湿分离后对干粪进行打包装袋，并放置干粪堆积房发酵；

水粪进入集污池，适时经管道流入搅拌池。搅拌池配有搅拌切割设备，对粪污进行二次干湿分离后，干粪进行堆码发酵，液体部分进入沼气池厌氧发酵，处理完成后沼液进入储存池。干粪和水粪供周边枳壳基地、花椒地施用。当种植地与养殖场距离较远时，通过运输车运送到目的地。种植户自行修建田间储液池，用于储存液肥，以便适时使用。图31所示为该养殖场堆积的干粪。

图31 江津区祥裕生猪养殖场堆积的干粪

该养殖场采取就近消纳与异地消纳相结合的方式，将产生的粪污全量化利用。养殖场自行流转土地590亩，用于种植枳壳（390亩）、梨树（180亩）、枇杷（20亩）。全年节约种植成本45万元。另外，夏坝镇有蔬菜基地80亩、花椒基地300亩、枳壳种植基地1100亩，以及贾嗣镇杨梅基地400亩、西湖柑橘基地800亩等共计2680亩土地使用该养殖场粪污资源。该养殖场配备吸粪车专门用于沼液运输，为上述基地每年节约种植成本150万元以上。

2. 养殖大户粪污资源化利用情况

养殖大户采用干清粪技术，粪污经过干湿分离后，水粪部分进入污水储存池。在农田需肥和灌溉期间，将无害化处理的污水与灌溉用水按照一定的比例混合，进行水肥一体化施用；固体粪污进行堆肥发酵后就近肥料化利用。

四、畜禽粪污资源化利用实施成效

（一）工作亮点

1. 种养紧密结合，品牌培育结硕果

夏坝镇养殖场（户）与种植企业（大户）间主动联结，粪肥资源就近有效利用，全镇畜禽粪污资源化利用率达90%以上。近年来，夏坝镇培育了全市第一个获得水果类有机认证的企业，成功发展30余家农村新型经营主体，10种水果获得有机转换认证，15个水果品种获得富硒产品认证；培育了"太阳橙""乡油宝"等富硒名品。

2. 建立"一场一册"制度，强化技术指导

夏坝镇对辖区内规模养殖场畜禽粪污处理建立"一场一册"制度，根据养殖设计方案以及周边资源情况，指导养殖场畜禽粪污设施设备的建设。新建养殖场按"三同时"要求，同步规划、同步建设，竣工后粪污处理设施设备能够同步投入使用，确保粪肥得到有效利用。

3. 壮大枳壳产业，发展名优特产

立足本地资源，发展枳壳产业，延伸枳壳产业链条，以大坪村的枳壳种植园为代表，已形成集种植、流通、加工等多功能于一体的中药材基地，全镇种植枳壳面积达4023亩，取得了较好的经济效益和社会效益。枳壳这一"绿果果"变成村民致富的"金元宝"，逐渐把枳壳发展成本镇的名优特产。

（二）效益分析

1. 经济效益

低成本的种养结合模式节约了畜禽粪污资源化利用成本。种植户施用畜禽粪肥约2.3万吨，减少了化肥使用量，节约种植成本约75万元。提升了农作物品质，培育了农产品品牌，提高了农作物的经济价值。

2. 社会效益

全镇以改善农村生态环境、促进生态农业发展为目的，以农业废弃物资源化和综合利用为出发点，以自行运作、政府监督为基础，以减量化、资源化、无害化为原则，大力推行种养结合。既发展了特色产业，又形成了循环农业。同时，产业链的延伸，带动了周边农民就业，增加了农民收入。

3. 生态效益

种植户与养殖场（户）主动对接。周边农户主动上门来收集粪肥，畜牧业与种植业紧密结合。一是降低了养殖场（户）粪污处理成本；二是降低了种植企业用肥成本，有效降低了周边农户对化肥的使用量；三是通过粪污资源化利用，有效改良土壤，培肥地力，提高了土壤透气性，增加了土壤微生物活性，降低了板结程度，促进了作物根系生长，而且提高了土壤有机质含量及农产品品质，实现了"种、养、生态"多赢局面。

第三章　江津区相关企业畜禽粪污资源化利用典型案例

第一节　重庆畅驰农业发展有限公司

一、企业基本情况

（一）生产情况

重庆畅驰农业发展有限公司于2013年11月入驻重庆市（江津）现代农业园区，位于江津区白沙镇芳阴村，主要从事生猪养殖，2015年4月投入生产，占地面积200亩，圈舍面积18 000平方米，管理及辅助用房约1000平方米，总投资6000万元。该公司存栏母猪800头，其中祖代种猪464头，满产后可存栏1500头种猪，全年向市场提供0.5万头以上优质种猪和2.5万头以上商品猪。图32为该公司俯瞰图。

图32　重庆畅驰农业发展有限公司俯瞰图

（二）技术支撑

该公司有工作人员17人，其中管理人员4人，生产技术人员8人（其中执业兽医师1人），其他工作人员5人。该公司与重庆市畜牧科学院签署了战略合作协议，以西南大学为人才培养基地，在人才培养、生产管理、品种改良、遗传育种等方面获得强大的支持。2019年，该公司养殖场经重庆市农业农村委员会评选为重庆市级种猪场。

（三）获得荣誉

2016年，该公司被评为江津区生猪养殖示范企业和江津10家农业优秀龙头企业；2017、2020年，两次被评为农村科普基地；2018年，被评为重庆市级龙头企业；2019年，被评为有社会责任感企业，同年11月，被农业农村部评选为畜禽养殖标准化示范场；2022年，被农业农村部评为生猪养殖标准化示范场，被重庆市评为市级生猪调控基地、江津区现代农业产业技术体系生猪试验站，多次被重庆电视台及各专业报纸杂志报道。自开工至今，该养殖场内无重大疫病发生，生产稳定。

（四）场区环境

该养殖场内有4000平方米的草坪，1千多棵树木，是一个绿色花园式现代养猪场，出栏的商品猪达到了安全、无公害要求，起到示范带动作用，引领了江津区养猪业的发展水平，促进了江津区养猪业向规模化、标准化、现代化方向发展。图33所示为该公司生产区。

图33　重庆畅驰农业发展有限公司生产区

二、畜禽粪污资源化利用技术要点

该公司采用批次化管理技术，场内运用自动环控系统、自动喂料系统、喷雾消毒降温降尘除臭系统等先进的生产技术和装备；为确保场区内生物安全和生产高效，制定了严格的生物安全措施、科学的免疫程序、合理的疫病防控措施，严格控制抗生素的使用，在场区外建设了洗消中心，运输车辆先进洗消中心清洗消毒后才能进入指定地点装运生猪。

按照"源头减量、过程控制、末端利用"的要求，采用节水型饮水装置，猪只饮用后少量滴漏余水由单独通道流出，不与粪污混合，减少污水处理量；粪污全量收集，采用CSTR厌氧反应器处理粪污；在用肥淡季，粪污余量较大时采用污水处理，达标排放。2022年，该公司依托江津区现代农业产业技术体系畜禽首席专家团队，开展了对液体粪污生态净化利用技术的探索，初显成效。

三、畜禽粪污资源化利用情况

该公司采用水泡粪和干湿分流相结合的清粪工艺，养殖场圈舍地板为漏缝板设计，漏缝板下方修建了集粪池。采用两边高、中间低的技术工艺，在集粪池低处安装排污管道，管道阀门安装在舍外，待粪污收集到一定量后排放到舍外粪污收集池暂存。适时对粪污进行干湿分离，液体粪污进入粪水贮存池，再通过沼气发酵罐进行发酵处理，发酵时间为21～25天，沼液进入贮存池待用，可采用种植、生态净化利用、达标排放三种处理方式。固体粪污经过堆码发酵处理后，供周边农户施用。图34所示为该公司粪污处理工艺流程。该公司已建成3000立方米大型沼气工程，沼气自用，沼液沼渣供周边6000亩花椒、4000亩柑橘等特色种植基地消纳利用。该公司投资50余万元铺设了16千米的沼液输送管网，建设1000平方米的生态净化塘，实现了种养结合、农牧循环的可持续发展新格局，达到了生态良性循环、可持续利用的目标。

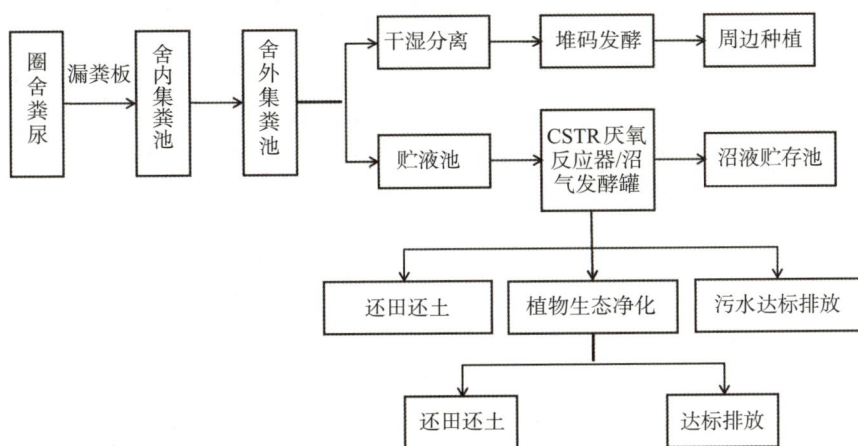

图34　重庆畅驰农业发展有限公司粪污处理工艺流程

四、畜禽粪污资源化利用实施成效

(一) 经济效益

该公司每年为本区及周边养殖场（户）提供优质仔猪或种猪25 000万头，在市场稳定的情况下，产值可达4500万元/年，可创造经济效益3000～4000万元/年。

(二) 生态效益

粪污通过净化系统可以达到国家畜禽污水排放标准，部分污水经过消杀处理后可供场区绿化使用，为周边1.2万亩农田提供优质肥源，为生产优质蔬菜、优质水果等经济作物提供保障。畜禽粪污资源化利用可以减少化肥的使用，降低污染风险，优化生态环境。

(三) 社会效益

一是可提供就业岗位20个左右。出售优质仔猪及种猪可以带动周边区县100～200个农户或家庭农场致富，稳定本区生猪产业发展。二是提供优质猪肉3000～4000吨/年，为保障"肉盘子"的供应贡献了力量。三是每年向周边农户提供良种猪精液5000余份，同时向养殖户提供技术支持，降低了养殖成本和疫病风险，提高了养殖生产效率。

第二节 重庆市麦腾农业开发有限公司

一、企业基本情况

（一）企业概况

重庆市麦腾农业开发有限公司成立于2013年8月，注册资金2000万元，位于重庆市江津区朱杨镇，主要经营种养殖业、生态农业观光、农副产品生产加工和销售、特色养殖，以及旅游开发、餐饮、住宿、娱乐等配套设施项目。目前，该公司已投资近4亿元建成了重庆市一、二、三产业融合发展示范基地。该公司荣获农业产业化国家重点龙头企业、国家级生猪产能调控基地、重庆市农产品加工业示范企业、重庆市农业标准化示范与推广单位、重庆市乡村振兴示范企业、重庆市乡村振兴贡献企业。图35所示为该公司全貌，图36所示为该公司获得的荣誉。

图35 重庆市麦腾农业开发有限公司全貌图

图36　重庆市麦腾农业开发有限公司获得的荣誉

该公司牢固树立创新、协调、绿色、开放、共享的发展理念，推行种养循环绿色农业。该公司流转土地5000亩，已开发富硒猕猴桃园1000亩、生态茶园2000亩、四季果园500亩、各类珍稀花卉苗木1000亩，坚持基在农业、利在农民、惠在农村，以构建农业和二、三产业交叉融合的现代产业体系为重点，以完善利益联结机制为核心，打造重庆市产业融合发展的典范。

推进种养循环融合发展，追求高品质有机农副产品是农业生存的根本。该公司以循环农业为主导，采用畜禽粪便-有机肥-基地三位一体循环经济生态模式，将生猪养殖场、沼气池、种植基地有机地结合起来，目前已经建成近1000亩的沼液灌溉管网，形成种养一体化，以及生产标准化、清洁化模式。

（二）基础建设

1. 生猪养殖情况

该公司修建标准化生猪自繁自养场和育肥场各1个，占地面积25 500平方米，其中圈舍面积7500平方米，配套生产设施有限位栏、产床、环控系统、消毒系统、料塔等；在粪污收集、储存、利用设施方面，建设沼气厌氧罐1600立方米、沼液存储池1200立方米、固液分离机2台、调节池1个，粪污收集池1500立方米、异位发酵床1000平方米，每年能提供仔猪10 000头，年出栏生猪达10 000头。图37所示为该公司种猪场全貌。

图37　重庆市麦腾农业开发有限公司种猪场全貌

2. 特种养殖

该公司发展特种养殖，养殖梅花鹿规模达300头，以生产销售鹿肉、鹿茸、茸血及其他相关产品为主，鹿茸、茸血可用于加工生产酒产品。

3. 配套产业情况

该公司修建生态鱼塘100亩，农副产品加工中心占地面积为30 000平方米，其中茶叶加工车间10 000平方米、猕猴桃加工车间6000平方米、农副产品展示中心3000平方米、冷链库2000平方米，有新型职业农民培训教学大楼及宿舍各1栋。建设智慧茶园，实现智能管控水肥一体化灌溉、生长数据监测分析，采用绿色防控措施，起到了增肥增效的作用。

二、畜禽粪污资源化利用模式

（一）厌氧发酵处理模式

1. 沼气工程处理阶段

养猪场的沼气工程技术包括预处理、厌氧发酵以及后处理等。预处理是通过固液分离、调节池等去除污水杂质。厌氧发酵是对预处理后的污水进行发酵处理，对养猪场污水中有机物质进行生物降解。后处理主要是对发酵后的剩余物进行进一步处理和利用。三者密不可分，相互促进。

2. 工艺流程

该公司采用沼气工程厌氧发酵方式，严格按照"源头减量、过程控制、末端利用"的要求进行猪舍设计，圈舍地板按节水工艺设计为漏缝地板，减少圈舍冲洗次数及用水量；饮水装置为节水型自动饮水碗。全场实行雨污分离、干湿分离，粪污经专用粪污管道进入舍外调节池，在调节池中用切割泵将粪污粉碎成浆后再进行固液分离。在干粪中加入秸秆、油饼、菌种进行固体发酵，发酵后的有机肥作为茶园、果园的基肥，可以改善土质和提升肥力；水粪进入沼气罐，通过沼气罐密闭发酵后，沼液进入储存池进行好氧发酵，再经农灌管网灌溉猕猴桃园及茶园。沼液管网按照每亩不低于150米进行铺设。图38所示为该公司种猪场的厌氧发酵工艺流程。

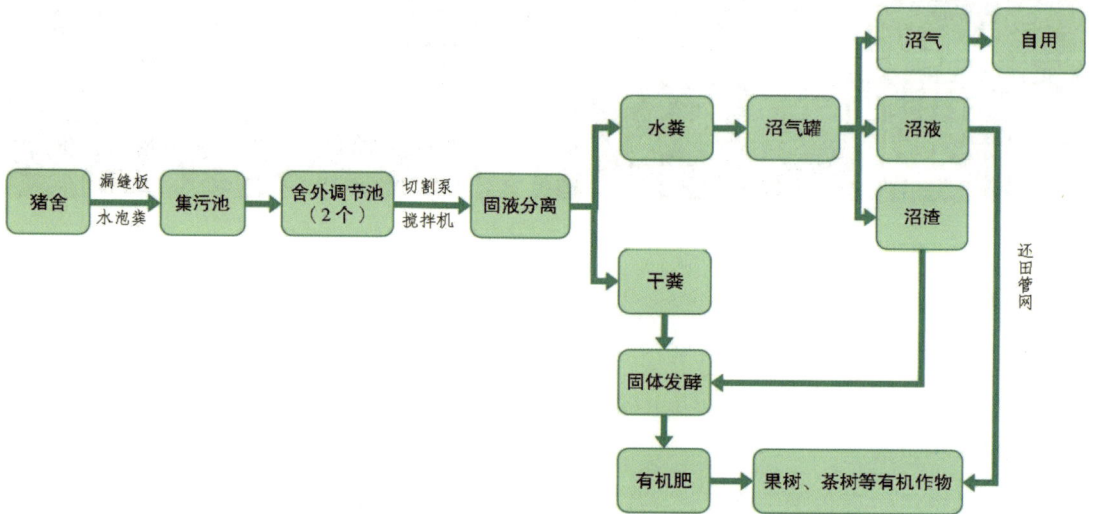

图38 重庆市麦腾农业开发有限公司种猪场厌氧发酵工艺流程

3. 厌氧发酵处理模式的优点

厌氧发酵处理模式操作简单，处理效率高，能杀灭虫卵病菌，减少疾病的传播，对周围环境影响小。发酵产生的沼气可作燃料解决公司自用或周边农户部分能源问题。发酵后的沼液、沼渣作为农业肥料可改善土壤环境，提高土壤肥力，有利于农业生产发展。

4. 厌氧发酵处理模式的缺点

一是沼气的生产受季节、环境、原材料影响大，存在产气不稳定的缺陷。二是一些沼气池由于管护不到位、利用率不高。三是工程造价及运行维护成本相对较高，需安排专人进行管护，及时检查维修。

（二）异位发酵床处理模式

该公司育肥场采用异位发酵床处理方式。异位发酵床又称舍外发酵床，是人工构建的粪污处理高效好氧发酵系统，是将生猪养殖与粪污处理分开，在圈舍外另建专用于粪污处理的发酵车间和收集发酵床渗出污水的集污池。全场实行雨污分流，采用干清粪工艺，安装自动饮水碗，圈舍地板为漏缝板。在漏缝板下修建集粪池，采用水泡粪模式全量收集粪污，粪污集存度达到50%以上时可放入舍外集污池。在舍外集污池将粪污搅拌均匀，并用切割泵将粪污切割成粪浆，然后将粪浆通过提升泵泵入喷淋池，再通过喷淋机将粪浆喷洒到发酵床进行发酵。一方面，发酵后的固态有机肥可用于种植；另一方面发酵床渗出的污水进入渗污池，再通过提升泵回流到喷淋池进行下一步处理。图39所示为该公司育肥场全貌。

图39　重庆市麦腾农业开发有限公司育肥场全貌

1. 车间建设

异位发酵床（图40）四周建设排水沟，排水沟主要用于排雨水，防止雨水进入发酵池。车间墙体和顶棚采用透明采光瓦建设，便于采光蓄热，尽量做到封闭状态，仅预留操作通道即可。

图40　重庆市麦腾农业开发有限公司异位发酵床

2. 发酵池建设

修建发酵池1500立方米，按每头猪所需容积0.2～0.3立方米进行建设，发酵池长50米、宽30米、高2米。异位发酵床设计回流槽，回流槽的宽度0.6米、深度0.6米。

3. 垫料及菌种

发酵池内按一定比例铺设木屑、稻壳、秸秆用作发酵床垫料，发酵池中垫料装填高度为1.2～1.5米；筛选优势菌种——鑫优洁，按一定比例适时添加到发酵垫料中；通过翻抛机定期翻耕发酵垫料，使得发酵垫料、菌种、粪污、空气混合均匀持续发酵产热，将垫料中心层的温度维持在55～78℃，最高温度可达80℃以上。菌种分解粪污中的有机质并将其转化为有机肥养分，多余水分通过翻抛机翻耕发酵垫料时蒸发。发酵过程中产生氮气、二氧化碳、水分、热量、固态有机肥，发酵过程无臭味、无污染，实现了畜禽粪污无害化处理、资源化利用。

4. 水分及翻耕

粪污与发酵垫料混合后水分含量不宜超过60%；粪污喷淋到垫料的同时翻抛机将粪污和垫料搅拌均匀。

5. 发酵床观察

平时要检查发酵床的温度情况，一是注意控制水分含量，以免板结影响升温和发酵；二是观察温度是否属于正常区间，避免死床现象发生；三是当发酵池内垫料的高度沉降到20～30厘米时，应及时补充发酵垫料。

6. 注意事项

一是在生产过程中，要严格控制消毒药和抗生素的使用，防止杀伤微生物或降低其活性。二是清栏后可采用高压水枪冲洗圈舍，减少用水量，加强猪场用水管理，防止滴漏现象发生。

7. 技术优点

异位发酵技术是一项集粪污减量化、无害化和资源化利用为一体的综合技术。采用该项技术，可以克服舍内养猪存在的一些不足；该模式具有占地面积小、投资较少、运行成本相对低和无臭味等优点；养猪场无须设置排污口，可实现粪污零排放；粪污经发酵处理后可全部转化为固态有机肥原料并还田处理，实现变废为宝。

三、畜禽粪污资源化利用实施成效

（一）社会效益

1. 项目示范带动性强

通过生猪养殖带动当地畜牧业的可持续发展，为周边农村经济的发展提供可借鉴的技术和经验，项目示范性好，社会效益明显。

2. 促进持续增收

该公司主营养殖业、种植业、生态农业休闲观光、农副产品加工及销售、旅游开发等产业，实现了一、二、三产业融合发展。常年提供就业岗位150个，年收入2万元/人，有效促进当地农民增收。

3. 推动有机肥替代化肥行动

该公司采用畜禽粪便-有机肥-基地三位一体循环经济生态模式，将粪污变为粪肥，变废为宝，推动有机肥替代化肥，减少了化肥的使用量。增施有机肥可提高农作物抗性，减轻病虫害的发生，降低农药使用量，从而节约种植成本，促进增收，实现农业可持续发展。

（二）经济效益

1. 节约肥料成本

肥水年产量约1万吨，有机肥发酵场利用干粪发酵有机肥，年产量达3000吨，节约种植肥料成本340万元。

2. 促进种植业提质增效

种养循环使粪污资源得到了有效利用，增施有机肥使农产品外观、适口性、糖度、营养物含量等品质方面得到了提升，产品价值得到了有效提升。该公司开展了猕猴桃、蓝莓、茶叶等经济作物的绿色认证，以及有机农产品"两品一标"认证，推动农产品向优质、高端方向转型升级，实现提质增效。

3. 提升公司竞争力

该公司采用畜禽粪便-有机肥-基地三位一体循环经济生态模式，具有种养循环发展亮点与优势，有利于促进农产品品牌价值的提升和产业竞争力的增强。

（三）生态效益

种养循环模式提升了生态效益，改善了农村生态环境，减轻了环境压力，实现了养殖种植双赢，还进一步促进了养殖业向产出高效、产品安全、资源节约、环境友好的方向发展。

第三节　重庆诺威生态农业发展有限公司

一、企业基本情况

（一）公司简介

重庆诺威生态农业发展有限公司成立于2020年6月，位于杜市镇胡家村2组，注册资金300万元，有专业管理人员2人。经营范围主要是生猪饲养。该公司利用周边土地发展种养结合，大豆、蔬菜等复合套种，不断提高生产效率。图41所示为该公司门口。

图41　重庆诺威生态农业发展有限公司门口

（二）养殖规模

该公司主要以生猪养殖为主，占地面积26亩，目前一期已经投产，年出栏生猪约4800头。后期该公司将根据市场情况扩大养殖圈舍，建成后年出栏生猪可达到1.1万头。

（三）畜禽粪污资源化利用情况

一是公司流转耕地400亩，推行种养结合模式，开展大豆、玉米复合带状套种。该模式集成了品种搭配、扩行缩株、营养调控、减量施肥、绿色防控、封闭除草、机播机收等关键技术，集高效轮作、绿色生产、提质增效三位一体。二是利用周边及邻村耕地1000余亩，用于种植粮食、水果、蔬菜、枳壳等经济作物，实现种养循环。

二、技术模式要点

该公司自建场以来，秉承"适度规模、种养循环发展"理念，积极探索猪-沼-大豆、猪-沼-玉米、猪-沼-枳壳等经济作物的种养循环模式。该公司在周边耕地套种大豆、玉米等农作物，使用猪场发酵后的有机肥，提高了农作物的质量和产量，改良了土壤理化性状，培肥了地力，实现了粪污的有效消纳，节约了种植成本。种养结合模式是一把开启资源循环利用的"钥匙"。

该公司生猪养殖实行全进全出，粪污处理采用异位发酵床技术。猪场圈舍（图42）采用漏粪板、水泡粪工艺，粪尿全量收集，漏粪板下修建集污池，储存到一定量时将粪污经过粪沟全部流入圈舍外的污水储存池，切割搅拌均匀后进入喷淋池，再将粪污经过喷淋机输送到管网喷洒到异位发酵床（图43）上进行发酵。

图42　重庆诺威生态农业发展有限公司圈舍

图43　重庆诺威生态农业发展有限公司异位发酵床

三、工艺流程

图44所示为重庆诺威生态农业发展有限公司异位发酵床工艺流程。

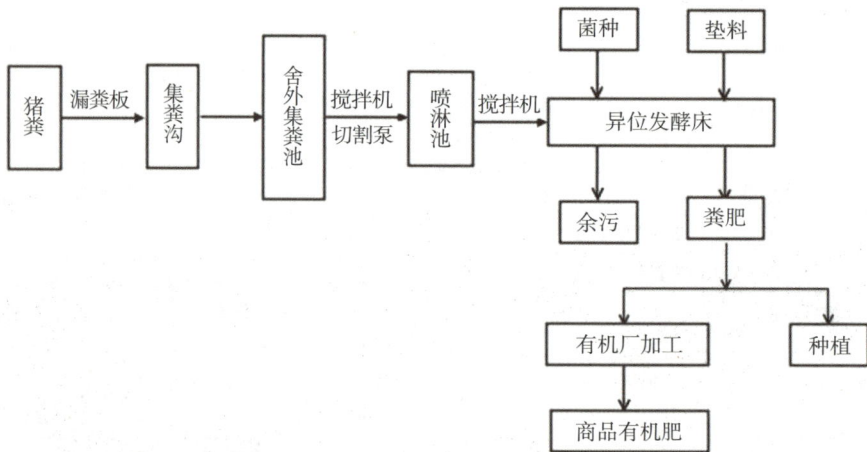

图44　重庆诺威生态农业发展有限公司异位发酵床工艺流程图

（1）舍内集粪池。猪舍内产生的粪便和尿液，经漏粪板直接进入圈舍底部的集粪池（池深0.8米，宽3米，长8米），舍内集粪池集满后通过排粪管流入舍外集污池（池深3米，宽15米，长35米）储存。

（2）舍外集污池。舍外集污池容积1000立方米，粪污通过池内切割搅拌机搅拌控制沉淀，再通过粪污切割泵进行打浆，由喷淋机将粪污喷洒到异位发酵床的垫料上，再由配套安装的翻扒机进行翻扒作业。

（3）异位发酵床。异位发酵床应毗邻猪场化粪池，由发酵槽、雨棚（阳光棚）、集粪池、翻耙机、运行轨道以及喷淋系统、回流系统等构成。采用地上式单列长方形发酵槽，异位发酵床容积约788立方米（宽15米，高1.5米，长35米），按每头猪不少于0.2立方米设计。异位发酵床底部铺设曝气管道、设置曝气孔和导流沟，在粪污发酵处理过程中进行强制曝气通风，提高粪污好氧发酵效率，多余的污水经导流沟导出，回流至集污池，以利于垫料发酵。

（4）添加垫料和菌种。异位发酵床需添加锯末面、糠壳、秸秆等垫料，底层铺一层20厘米左右的垫料后，交叉装填垫料和菌种，比例和混匀方式按使用菌种要求进行，垫料装填高度宜为1.2～1.5米，不应超过墙体高度；当发酵床装填物高度下降20厘米时，应及时补充垫料和菌种至设计高度，补充比例按菌种使用要求操作。

（5）翻抛机。为确保发酵效果及菌种的活性，需配置翻抛机。应根据发酵床的具体规格进行量身定制，在发酵床上方安装移动轨道，用于前后、左右移动翻抛作业，将粪污和垫料充分翻耙混合。翻耙齿离发酵床底面的距离宜为5～10厘米，使垫料均匀翻抛。

（6）喷洒粪浆及翻抛。在异位发酵床上均匀喷洒粪浆，混合后的垫料含水率宜保持在45%～65%；待粪污完全渗入垫料（约3～4小时）后，再启动翻抛机进行翻抛。翻抛频率因季节而异，可1～2天翻抛1次，或每天来回翻抛至少1次，在微生物作用下进行发酵，将粪污中的有机物进行降解或分解成氧气、二氧化碳、水和腐基质等，同时产生热量，中心发酵层温度可达70℃。通过翻抛将水分蒸发，留下少量的有机肥原料。

（7）菌种存活度的判断。通过测量温度来判断是否再次添加菌种，利用测温仪测量发酵床温度，如温度低于40℃，需再次加入菌种。

（8）腐熟基质利用。发酵基质原料正常情况下可连续使用1～3年，具体视情况而定，腐熟后的固态粪污可直接用于种植，或售卖给有机肥厂作原料，加工成商品有机肥。

四、异位发酵床模式优缺点

异位发酵床的优点：一是秉承绿色环保理念，注重"源头减量、过程控制、末端利用"，无粪尿排放、无臭味，清洁无污染；二是减少粪污储存设施用地规模，节约成本、反复使用，操作简单方便；三是可实现粪肥的就近和异地消纳两种模式，增加经济效益。

异位发酵床的缺点：要求猪场技术人员具备一定专业知识，投入品和消毒药的使用需谨慎选择，若操作不当容易出现死床的情况。

五、注意事项

一是源头减量，过程控制。猪场严格按雨污分流的要求进行设计施工，全场采用漏缝板设计，安装防止"跑、冒、滴、漏"的自动饮水器，清栏后用高压水枪冲洗消毒圈舍，加强猪场用水管理。

二是防渗漏处理。猪舍内的小集粪池和舍外大集粪池均采用钢筋混凝土现浇技术，杜绝渗漏。

三是严控喷洒量。根据不同季节确定翻抛间隔时间和喷洒量，应把控好垫料的湿度，尤其在初期投入时，若湿度过大，则易发生板结霉变，造成死床。场内应安排专人实时监测垫料的温度和湿度，发现异常及时处理。

四是科学用药。在生产过程中，应把控好消毒药和抗生素的使用，并严格按使用说明操作，防止误伤菌种或降低其活性，否则可能出现死床现象，造成经济损失。

五是菌种的选择。选择枯草芽孢杆菌等活性强的好氧性菌种，能够快速扩繁，对粪污具有较强分解能力。

六、畜禽粪污资源化利用实施成效

（一）经济效益

集中处理的粪肥可对外进行销售，用于改善和提高土壤的肥力，提高循环产业链经济效益。该公司粪污处理中心年产粪肥达1000吨，每吨市价300元，年产值30万元，提升了产业附加值。

（二）生态效益

粪肥的合理化利用，使农作物病虫害明显减少，农药使用量减少50%以上，粮食作物增产20%以上，土壤得到明显改善，具有良好的生态效益。通过粪污的有效处理，进一步提升了农村人居环境，最大限度降低畜禽养殖污染风险，使畜禽粪污综合利用率持续稳定在90%以上。

（三）社会效益

一直以来，该公司大力推进种养结合、农牧循环发展、异位发酵床处理模式，实现了畜禽粪肥就近和异地消纳，促进了种养业绿色、健康、可持续发展。产业的兴旺和持续发展，在为当地社会提供了丰足的农产品，保障了"菜篮子""肉盘子"的同时，也为周边农户提供了劳动就业岗位，增加了农民收入，保障了社会稳定。

第四节　重庆浩丰农业开发有限公司

一、企业基本情况

(一) 公司简介

重庆浩丰农业开发有限公司（图45）位于江津区李市镇牌坊村，占地面积80余亩，建筑面积15 000立方米。该公司为江津区农业产业化龙头企业和富硒养殖示范场，主要经营商品蛋鸡养殖、青年鸡培育销售、浩丰牌鸡蛋销售等。该公司于2009年成立并注册"浩丰"商标。

图45　重庆浩丰农业开发有限公司

(二) 养殖规模

公司常年存栏蛋鸡15万只，年培育青年鸡20万只，年产鸡蛋3000吨，其中富硒鸡蛋1000吨。产品销往重庆、四川、贵州、广东等地。养殖场内景如图46所示。

图46 养殖场内景

（三）粪污资源化利用情况

2018年4月，该公司注册有机肥商标"沐地禾"。有机肥是以多种有机物为原料，配以多种微生物发酵菌剂，科学发酵而成的，富含有益微生物菌，比微生物复合肥更富含营养，有机质含量高，氮磷钾适中。该公司生产的生物有机肥的氮磷钾总养分大于5%，有机质含量大于45%。公司配备有机肥生产车间8000平方米、发酵罐2个、除臭塔2座、铲粪车2个、有机肥生产线2套，年生产有机肥5000吨，销往云南、四川、贵州、重庆等地，主要用于种植水果、花生、中药材、生姜、蔬菜、花椒及花卉苗木等。目前该公司以生产有机肥原料为主。

二、畜禽粪污处理工艺

鸡粪自动传送带和刮粪板输出，用铲车或转运车辆转运到堆码场，将水分调至70%以下，用铲粪车将鸡粪运送至发酵罐，加入适量发酵剂、除臭剂进行发酵，分解有机质、强力降解蛋白质，具有抑菌、灭害和除臭等作用，高温发酵后的水蒸气经过除臭塔排放，发酵最高温度可达70℃左右，发酵一般需7～10天，发酵、熟化后的有机肥半成品自动落到罐底。为了确保发酵效果达到最佳状态，有机肥半成品需进行第二次堆码发酵，1～2月后可通过粉碎、筛分、打包成袋，输送至种植基地消纳。

三、实施成效

（一）经济效益

该公司年产蛋量0.3万吨，在市场稳定的情况下，年产值可保持在2000万元以上；粪肥售价300～400元/吨，每年可增加附加值200万元；提供给周边农户使用的有机肥达3000吨，为农户节约生产成本100万元以上，同时为化肥减量行动作出了积极的贡献。

（二）社会效益

该公司有固定工人25人，每年季节性用工1000人次以上，为周边农户提供了一定的就业岗位，使其增加收入2万～5万元/年。

（三）生态效益

公司生产的有机肥具有增加土壤活性、防止或消除土壤板结、不烧根、长效持久的优点，可广泛应用于各种蔬菜、果树、烟叶、花卉、粮油等经济作物，是生产绿色食品、无公害产品的首选肥料。

第五节　重庆邦航牧业科技有限公司

一、企业基本情况

（一）公司简介

重庆邦航牧业科技有限公司成立于2015年11月，位于李市镇大桥村，主要从事肉牛养殖。公司占地30亩，投资600万元，生产工人及管理人员5人；修建生产圈舍7栋共8500平方米，管理用房及辅助用房3000平方米；设计存栏肉牛800头，常年存栏肉牛500头，2023年出栏肉牛488头。该公司养牛场如图47所示。

图47　重庆邦航牧业科技有限公司养牛场

（二）粪污处理配套设施建设情况

按照环保设施建设"三同时"要求，该公司配套修建沼气池600立方米，沼液池1200立方米，干粪堆积房1500立方米，安装沼液施肥灌溉管网6千米。2019年，该公司实施畜禽粪污资源化利用项目，享受项目补助资金40万元，修建有机肥生产车间1200立方米、沼液池800立方米；2021年投资150万元修建污水处理站，尿液和污水经处理站处理后，可达到农田灌溉水质标准。粪污处理采取就近消纳、异地消纳与达标排放相结合的方式，极大程度地降低了环境风险。该公司干粪堆积房如图48所示。

图48　重庆邦航牧业科技有限公司干粪堆积房

二、畜禽粪污处理工艺

粪污处理工艺采用干清粪+堆肥处理+厌氧处理+富余废水生化处理的方式（图49）。

（1）干粪处理工艺流程：人工清理圈舍干粪→车辆转运至有机肥生产车间→加入腐熟剂后用铲车混合（可以根据客户需求添加生物制剂）→腐熟90天→销售给种植企业异地消纳利用。

（2）厌氧发酵处理工艺流程：尿液和冲洗圈舍的污水→经污道进入沼气池，厌氧发酵处理30天→液体进入沼液贮存池处理60天→沼液通过管网灌溉还田。

（3）富余废水处理工艺流程：养殖废水经污道流入调节池均匀水质→废水泵入预处理系统→预处理后出水进入中间水池→再泵入厌氧系统处理（在厌氧微生物的作用下，80%的COD被分解成甲烷气体）→厌氧后的水体进入预处理系统（去除废水中氨氮及其他有毒有害物质）→进入初沉池泥水分离→废水自流入生化处理系统（在微生物的作用下，COD进一步降低，氨氮进一步被去除）→废水自流进入脱色除磷处理系统（废水色度和总磷进一步降低）→废水经消毒系统消毒→进入回用水池→用于圈舍冲洗或灌溉农地。

厌氧系统、生物处理系统及脱色絮凝池产生的剩余污泥进入污泥浓缩池，经压泥机脱水后，用作农家肥。

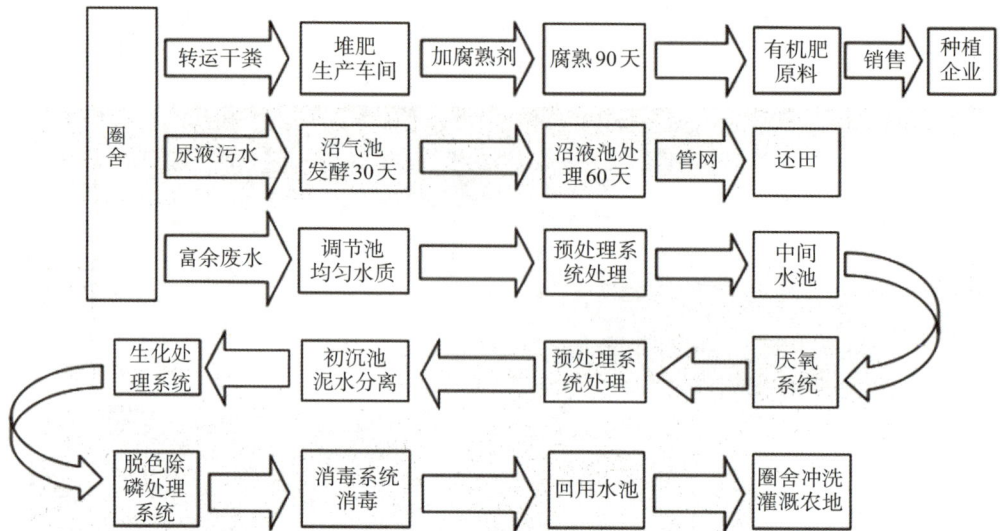

图49 重庆邦航牧业科技有限公司粪污处理工艺流程图

三、畜禽粪污资源化利用情况

（一）液体粪肥消纳利用

追求高品质有机农副产品是农业生存的根本。该公司以循环农业为主导，将沼液通过管网输送到江津区慈云镇慈音市社区高山庄组600亩花椒基地、300亩牧草基地、50亩公司自有的流转土地、50亩周边农户的土地，其中牧草基地每年可向公司提供4批牧草用作饲料原料，价格300元/吨，实现资源循环利用，互利互惠。

（二）固体粪肥消纳利用

在固体粪肥中加入菌种、麦壳等辅料，混合均匀后进行堆码发酵，发酵期间翻拌几次，确保菌种的存活和发酵效果，发酵完成后适时出售。例如，重庆荔苑农业开发有限公司将有机肥半成品用于种植枇杷、荔枝、樱桃等水果。

四、实施成效

该公司年出售干牛粪2500吨，出售价格为80～160元/吨，产生直接经济效益20～40万元；沼液通过施肥管网用于灌溉花椒、玉米、牧草等农作物，减少了化肥和农药的使用量，促进了农民增产增收，增加了产业附加值。

第六节 重庆联阅农业专业合作社

一、企业基本情况

重庆联阅农业专业合作社（图50）位于先锋镇保坪村6组，从事生猪养殖，2019年9月建成投产，建设总投资260万元。猪场占地10亩，建成生产圈舍2栋，建筑面积3240平方米；管理及辅助用房200平方米，采取全进全出生产方式，生产管理人员2人；常年存栏生猪1500头，年总收入达1000万元、纯收入约200万元。

图50 重庆联阅农业专业合作社

二、畜禽粪污资源化利用情况

该合作社对养殖粪污采用水泡粪工艺，经固液分离、厌氧发酵、沼气提取等处理后实施就近就地还田还土消纳利用。业主自筹资金116万元，争取畜禽粪污资源化利用（整县推进）项目中央资金6.39万元，按照养殖规模配套建设粪污收集发酵处理设施1450立方米、安装还田管网约12千米，粪污消纳采用养殖场配套种植+农户种植+花椒种植基地的种养循环模式，消纳面积约1000亩；同时，与相邻拥有500余亩花椒种植基地的重庆市江津区丰源花椒有限公司签订粪污消纳协议，根据种植需要适时抽排输送粪肥，建立消纳台账，实现畜禽粪污资源化利用。图51所示为合作社粪污资源化利用工艺流程图。

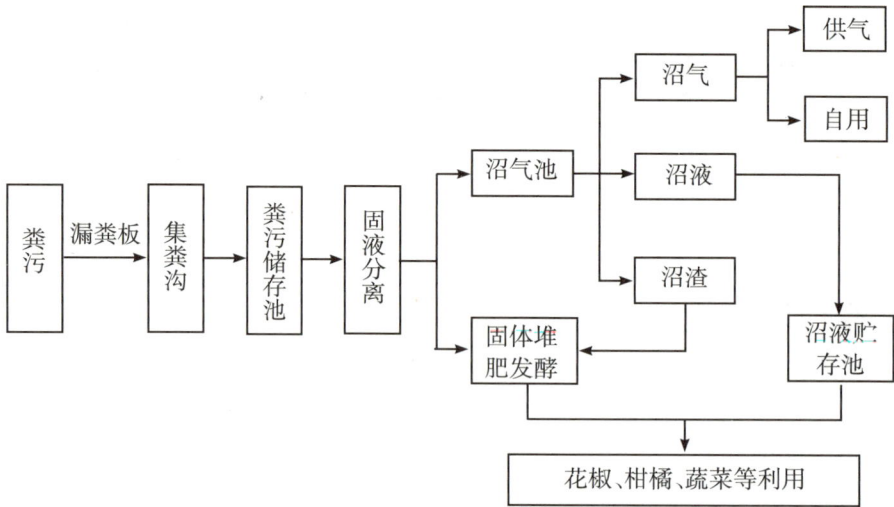

图51　重庆联阅农业专业合作社粪污资源化利用工艺流程图

三、畜禽粪污资源化利用实施成效

　　农牧结合、种养循环的畜禽粪污利用方式，不仅降低了养殖企业粪污排放处理成本，还降低了种植企业生产成本，同时又降低了环境风险。重庆市江津区丰源花椒有限公司负责全部消纳联阅农业专业合作社产生的粪肥，不足部分通过购买商品有机肥解决。通过种养企业间的循环，重庆市江津区丰源花椒有限公司每亩降低化肥、农药生产成本约700元，花椒产量有所增加、果实更为饱满、品质明显提升，产出的花椒达到国家出口标准，年出口销往日本、韩国等地达80余吨，年产值增加670万元。重庆联阅农业合作社每年可减少5万元粪污处理成本，达到种养双赢的目标。图52所示为该合作社花椒基地。

图52　重庆联阅农业专业合作社花椒基地

第七节　重庆泰乐利生态农业有限公司

一、企业基本情况

重庆泰乐利生态农业有限公司位于先锋镇麻柳村7组，从事肉牛养殖，2017年9月建成投产，建设总投资达1400万元；占地288.75亩，有生产圈舍9栋，建筑面积15 000平方米；有管理及辅助用房3000平方米，生产管理人员9人；常年存栏肉牛700头、出栏肉牛650余头，年总收入达1450万元、纯收入约220万元。图53、图54、图55所示分别为该公司大门、全貌、圈舍。

图53　重庆泰乐利生态农业有限公司大门

图54 重庆泰乐利生态农业有限公司全貌

图55 重庆泰乐利生态农业有限公司圈舍

二、畜禽粪污资源化利用情况

该公司先后争取大型沼气工程、健康养殖、畜禽粪污资源化利用（整县推进）项目中央资金240万元，业主自筹资金450万元，合理规划布局，配套建设大型厌氧发酵装置1100立方米、处理池800立方米、暴晒池3000立方米、高位池800立方米、储存池400立方米、还田管网6.8千米、干粪堆积房1000平方米、有机肥生产车间900平方米、粪污处理设施10台（套）。采用干清粪工艺，对养殖粪污进行固液分离、厌氧发酵、沼气提取等处理后，通过种养循环模式，实现就近与异地结合消纳利用。图56所示为该公司粪污处理工艺流程图。

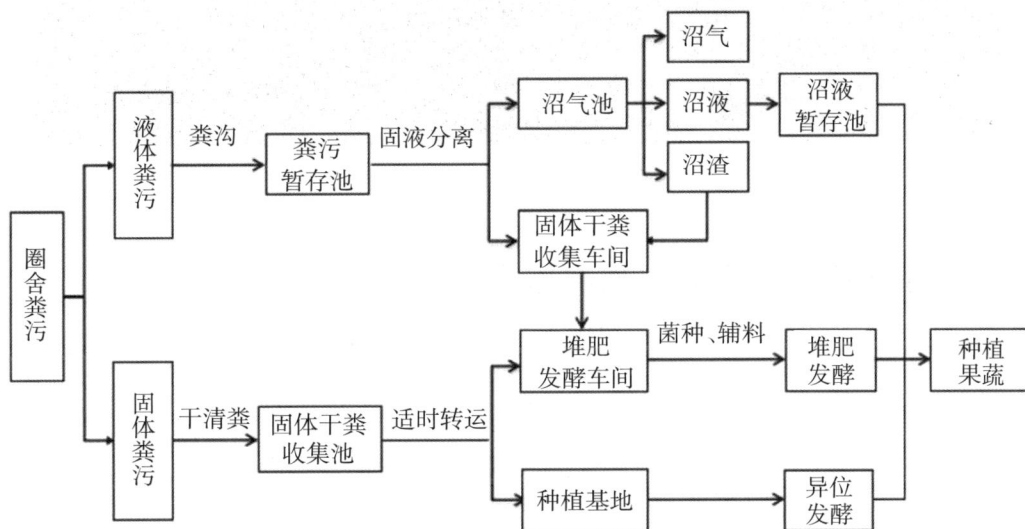

图56　重庆泰乐利生态农业有限公司粪污处理工艺流程图

沼液用于浇灌牧草、蔬菜、水果等作物，灌溉面积约1200亩，针对镇域内其他种植基地需求，通过专业密闭式运粪罐车运输沼液，跨区消纳。图57所示为该公司沼气罐和污水储液池。该公司将干粪、沼渣腐熟发酵后，加工成有机肥，年产1200吨，以成本价格提供给重庆雨仙农谷生态农业有限公司、重庆市津地禾生态农业有限公司和重庆归来果业发展有限公司，用于种植蔬菜和水果，构建了"就地就近+异地"消纳的粪肥循环利用网络。

图57　重庆泰乐利生态农业有限公司沼气罐和污水储液池

三、畜禽粪污资源化利用实施成效

　　该公司通过农牧结合、种养循环，实现了畜禽粪污资源化、节约化利用。一是极大改善了养殖场周边环境，并解决了周边一定范围内农户的家用燃气问题。二是降低了种养业生产成本，初步测算年节约生产成本90万元，实现了种植与养殖双赢。三是改善了土壤理化性质，提升了土壤肥力，提高了农产品数量和质量，增加了绿色农产品的有效供给。